雷 达 吸 波 材 料 隐 身 技 术

磁性核壳结构吸波材料构建与制备

刘渊　陈桂明　王炜　著

化 学 工 业 出 版 社

·北 京·

《磁性核壳结构吸波材料构建与制备》系统阐述了雷达吸波材料隐身技术中颇具应用前景的磁性核壳结构吸波材料的构建与制备方法。全书共分7章，分别为绪论，基础理论研究及其实验材料、设备和表征方法介绍，羰基包覆式核壳粉体的制备工艺设计，铁氧体核粒子的形貌结构及性能表征，铁氧体-羰基铁核壳粉体的形貌结构及吸波性能分析、碳材料-羰基铁核壳粉体的形貌结构及吸波性能分析（通过控制工艺参数条件，调控核壳粉体形貌，从而使吸波性能达到最优），羰基铁包覆式核壳型磁性吸波涂层研究。

《磁性核壳结构吸波材料构建与制备》可作为从事隐身技术相关研究人员、材料科学与工程相关专业高年级本科生及研究生的参考书。

图书在版编目（CIP）数据

磁性核壳结构吸波材料构建与制备/刘渊，陈桂明，王炜著. —北京：化学工业出版社，2019.11（2024.7重印）

（雷达吸波材料隐身技术）

ISBN 978-7-122-35122-7

Ⅰ.①磁…　Ⅱ.①刘…②陈…③王…　Ⅲ.①雷达吸波材料-磁性材料-研究　Ⅳ.①TB34

中国版本图书馆CIP数据核字（2019）第191548号

责任编辑：丁建华　杜进祥　　　　　　　装帧设计：关　飞
责任校对：宋　玮

出版发行：化学工业出版社（北京市东城区青年湖南街13号　邮政编码100011）
印　　装：北京虎彩文化传播有限公司
710mm×1000mm　1/16　印张10¼　字数165千字　2024年7月北京第1版第4次印刷

购书咨询：010-64518888　　　　　　　　售后服务：010-64518899
网　　址：http://www.cip.com.cn
凡购买本书，如有缺损质量问题，本社销售中心负责调换。

定　　价：59.00元

前 言

在现代高技术信息化战争中，世界各军事强国的武器系统呈现出精确化、隐身化和信息化的特点，率先发现并摧毁对方是决定现代化战争胜负的关键因素。当前隐身技术的研究主要集中在雷达隐身技术上。依据降低目标雷达散射截面积（RCS）的原理，可以将雷达隐身技术分为外形隐身技术和雷达吸波材料（RAM）隐身技术两大类。雷达吸波材料技术因维护简便、适用范围广、性能优异、成本低，成为隐身技术的研究重点。而在雷达吸波材料的基础研究中，高性能吸收剂是其技术核心，设计理论和方法的建立与优化是实现理论和技术突破的关键。

根据目前雷达吸波材料的发展状况，单纯种类的吸收剂很难满足雷达波隐身技术日渐提高的综合要求，性能互补的不同种类吸收剂之间的复合是当前改善吸波性能的有效手段之一。核壳型磁性吸收剂由于其独特的结构和可设计性可使材料具备协同性，近年来成为研究的热点。核壳型磁性吸收剂具有特殊的电子结构和表面性质，通过核粒子和壳粒子之间在微纳米尺度上的有效复合，能够兼具两者的物化特性，充分发挥各组分的协同效应，从而得到一种新型的复合吸收剂。

本书系统阐述了雷达吸波材料隐身技术中颇具应用前景的磁性核壳结构吸波材料的构建与制备方法。全书共分 7 章，分别介绍了磁性核壳结构吸波材料基础理论研究及分析方法、制备工艺设计、形貌结构及性能分析，并给出了羰基铁包覆式核壳型磁性吸波涂层优化设计及其实际测试结果。可供从事隐身技术相关研究人员、材料科学与工程相关专业高年级本科生及研究生参考。

由于作者水平有限，书中疏漏之处在所难免，恳请读者批评指正！

作者

2019 年 10 月于西安

主要缩略语

英文缩写	中文名称	英文名称
RAM	雷达吸波材料	Radar Absorbing Material
RCS	雷达散射截面积	Radar Cross Section
CF	碳纤维	Carbon Fiber
CNTs	碳纳米管	Carbon Nanotubes
CI	羰基铁	Carbonyl Iron
MO	金属有机化合物	Metal-Organic Compound
MOCVD	金属有机化学气相沉积	Metal Organic Chemical Vapor Deposition
XRD	X 射线衍射	X-Ray Diffraction
SEM	扫描电镜	Scanning Electron Microscopy
FESEM	场发射扫描电子显微镜（电镜）	Field Emission Scanning Electron Microscopy
EDS	能量散射谱	Energy Dispersive Spectroscopy
TEM	透射电镜	Transmission Electron Microscopy
HRTEM	高分辨率透射电镜	High-Resolution Transmission Electron Microscopy
VSM	振动样品磁强计	Vibrating Sample Magnetometer
VNA	矢量网络分析仪	Vector Network Analyzer
FB-MOCVD	流化床-金属有机化学气相沉积	Fluidized Bed-Metal Organic Chemical Vapor Deposition
CA	柠檬酸	Citric Acid
EP	环氧树脂	Epoxy Resin
GA	遗传算法	Genetic Algorithms

目 录

1 **绪　论** 1

1.1 研究背景及意义 1
1.2 磁性粉体包覆式核壳吸收剂研究现状 2
  1.2.1　磁-磁复合核壳型磁性吸收剂 3
  1.2.2　电-磁复合核壳型磁性吸收剂 6
  1.2.3　存在的问题及发展趋势 9
1.3 羰基金属包覆式核壳型复合粉体研究现状 10
  1.3.1　羰基铁包覆式核壳型复合粉体 10
  1.3.2　其他羰基金属包覆式核壳型复合粉体 12
1.4 磁性核壳结构吸波材料构建研究及制备技术 12

2 **基础理论、实验材料和设备及表征方法** 17

2.1 引言 17
2.2 RAM 吸波原理 17
  2.2.1　RAM 吸收电磁波的基本规律 17
  2.2.2　吸收剂对电磁波的损耗原理 19
  2.2.3　RAM 的工作原理 20
  2.2.4　多层 RAM 反射率计算 21
2.3 实验材料和设备 23
  2.3.1　实验材料 23
  2.3.2　仪器设备 24
2.4 主要分析和表征方法 24
  2.4.1　X 射线衍射 24

2.4.2　扫描电子显微镜 ———————————————————————— 25

2.4.3　透射电子显微镜 ———————————————————————— 25

2.4.4　振动样品磁强计 ———————————————————————— 25

2.4.5　核壳粉体中羰基铁质量分数的测定 —————————————— 26

2.4.6　同轴试样制备及电磁参数测试 ————————————————— 26

2.4.7　吸波涂层制样及反射率测试 —————————————————— 27

2.5　小结 ———————————————————————————————— 28

3 **羰基铁包覆式核壳粉体的制备工艺设计** 　　　　　　29

3.1　引言 ———————————————————————————————— 29

3.2　Fe(CO)₅ 热解的理论研究 ————————————————————— 30

3.2.1　Fe(CO)₅ 热解的热力学分析 ————————————————— 30

3.2.2　沉积温度对羰基铁壳层形貌的影响 —————————————— 32

3.2.3　沉积时间对 Fe(CO)₅ 加入量的影响 ————————————— 34

3.3　流化床-金属有机化学气相沉积实验设计 ——————————— 35

3.3.1　装置设计思路 ——————————————————————————— 35

3.3.2　装置系统组成 ——————————————————————————— 35

3.3.3　实验参数确定 ——————————————————————————— 39

3.3.4　核粒子的制备及预处理 —————————————————————— 42

3.3.5　羰基铁包覆实验步骤确定 ———————————————————— 46

3.4　小结 ———————————————————————————————— 46

4 **铁氧体核粒子的形貌结构及性能表征** 　　　　　　48

4.1　引言 ———————————————————————————————— 48

4.2　离子取代镍基铁氧体的结构性能表征 ——————————————— 49

4.2.1　离子取代镍基铁氧体的结构形貌分析 ———————————— 49

4.2.2　离子取代镍基铁氧体的磁性能分析 —————————————— 51

4.2.3　离子取代镍基铁氧体的电磁参数分析 ———————————— 51

4.2.4　离子取代镍基铁氧体的吸波性能分析 ———————— 53

4.3　铈掺杂镍基铁氧体的结构性能表征 ———————— 54

4.3.1　铈掺杂镍基铁氧体的结构形貌分析 ———————— 54

4.3.2　铈掺杂镍基铁氧体的磁性能分析 ———————— 56

4.3.3　铈掺杂镍基铁氧体的电磁参数分析 ———————— 56

4.3.4　铈掺杂镍基铁氧体的吸波性能分析 ———————— 57

4.4　锶-钴铁氧体的结构性能表征 ———————— 59

4.4.1　锶-钴铁氧体的结构形貌分析 ———————— 59

4.4.2　锶-钴铁氧体的磁性能分析 ———————— 62

4.4.3　锶-钴铁氧体的电磁参数分析 ———————— 63

4.4.4　锶-钴铁氧体的吸波性能分析 ———————— 64

4.5　稀土掺杂锶-钴铁氧体的结构性能表征 ———————— 65

4.5.1　稀土掺杂锶-钴铁氧体的结构形貌分析 ———————— 65

4.5.2　稀土掺杂锶-钴铁氧体的磁性能分析 ———————— 66

4.5.3　稀土掺杂锶-钴铁氧体的电磁参数分析 ———————— 67

4.5.4　稀土掺杂锶-钴铁氧体的吸波性能分析 ———————— 70

4.6　小结 ———————— 70

5　铁氧体-羰基铁核壳粉体的形貌结构及吸波性能分析　73

5.1　引言 ———————— 73

5.2　沉积温度对镍基铁氧体-羰基铁样品的结构性能影响 ———————— 74

5.2.1　镍基铁氧体-羰基铁样品晶体结构分析 ———————— 74

5.2.2　镍基铁氧体-羰基铁样品微观形貌分析 ———————— 74

5.2.3　镍基铁氧体-羰基铁样品电磁参数分析 ———————— 76

5.2.4　镍基铁氧体-羰基铁样品吸波性能分析 ———————— 77

5.3　沉积时间对镍基铁氧体-羰基铁样品的结构性能影响 ———————— 78

5.3.1　镍基铁氧体-羰基铁样品晶体结构分析 ———————— 78

5.3.2　镍基铁氧体-羰基铁样品微观形貌分析 ———————— 78

5.3.3　镍基铁氧体-羰基铁样品电磁参数分析 ———————— 81

5.3.4　镍基铁氧体-羰基铁样品吸波性能分析 ———————— 81

5.4　沉积温度对锶基铁氧体-羰基铁样品的结构性能影响 ———————— 85

  5.4.1 锶基铁氧体-羰基铁样品晶体结构分析 ------------------------ 85

  5.4.2 锶基铁氧体-羰基铁样品微观形貌分析 ------------------------ 85

  5.4.3 锶基铁氧体-羰基铁样品电磁参数分析 ------------------------ 86

  5.4.4 锶基铁氧体-羰基铁样品吸波性能分析 ------------------------ 88

5.5 沉积时间对锶基铁氧体-羰基铁样品的结构性能影响 ------------ 89

  5.5.1 锶基铁氧体-羰基铁样品晶体结构分析 ------------------------ 89

  5.5.2 锶基铁氧体-羰基铁样品微观形貌分析 ------------------------ 89

  5.5.3 锶基铁氧体-羰基铁样品电磁参数分析 ------------------------ 92

  5.5.4 锶基铁氧体-羰基铁样品吸波性能分析 ------------------------ 93

5.6 羰基铁壳层质量分数对电磁性能的影响 ------------------------ 95

5.7 铁氧体-羰基铁核壳吸收剂吸波机理分析 -------------------- 98

5.8 小结 -- 99

6 碳材料-羰基铁核壳粉体的形貌结构及吸波性能分析 101

6.1 引言 -- 101

6.2 沉积温度对碳纤维-羰基铁样品结构性能影响分析 ------------ 102

  6.2.1 碳纤维-羰基铁样品形貌结构分析 ---------------------------- 102

  6.2.2 碳纤维-羰基铁样品电磁参数分析 ---------------------------- 103

  6.2.3 碳纤维-羰基铁样品吸波性能分析 ---------------------------- 104

6.3 沉积时间对碳纤维-羰基铁样品结构性能影响分析 ------------ 105

  6.3.1 碳纤维-羰基铁样品晶体结构分析 ---------------------------- 105

  6.3.2 碳纤维-羰基铁样品微观形貌分析 ---------------------------- 106

  6.3.3 碳纤维-羰基铁样品电磁参数分析 ---------------------------- 107

  6.3.4 碳纤维-羰基铁样品吸波性能分析 ---------------------------- 109

6.4 沉积温度对碳纳米管-羰基铁样品结构性能影响分析 -------- 111

  6.4.1 碳纳米管-羰基铁样品形貌结构分析 -------------------------- 111

  6.4.2 碳纳米管-羰基铁样品电磁参数分析 -------------------------- 113

  6.4.3 碳纳米管-羰基铁样品吸波性能分析 -------------------------- 114

6.5 沉积时间对碳纳米管-羰基铁样品结构性能影响分析 -------- 115

  6.5.1 碳纳米管-羰基铁样品晶体结构分析 -------------------------- 115

  6.5.2 碳纳米管-羰基铁样品微观形貌分析 -------------------------- 115

6.5.3 碳纳米管-羰基铁样品电磁参数分析 ┄┄┄┄┄┄┄┄ 118

6.5.4 碳纳米管-羰基铁样品吸波性能分析 ┄┄┄┄┄┄┄ 119

6.6 羰基铁壳层质量分数对电磁性能的影响 ┄┄┄┄┄┄┄ 121

6.7 碳材料-羰基铁核壳吸收剂吸波机理分析 ┄┄┄┄┄┄┄ 123

6.8 小结 ┄┄┄┄┄┄┄┄┄┄┄┄┄┄┄┄┄┄┄┄┄┄┄┄┄┄┄┄┄┄ 124

7 **羰基铁包覆式核壳型磁性吸波涂层研究** **126**

7.1 引言 ┄┄┄┄┄┄┄┄┄┄┄┄┄┄┄┄┄┄┄┄┄┄┄┄┄┄┄┄┄┄ 126

7.2 单层吸波涂层研究 ┄┄┄┄┄┄┄┄┄┄┄┄┄┄┄┄┄┄┄┄┄ 127

7.2.1 涂层制备 ┄┄┄┄┄┄┄┄┄┄┄┄┄┄┄┄┄┄┄┄┄┄┄┄┄ 127

7.2.2 涂层形貌分析 ┄┄┄┄┄┄┄┄┄┄┄┄┄┄┄┄┄┄┄┄┄ 127

7.2.3 吸波性能测试 ┄┄┄┄┄┄┄┄┄┄┄┄┄┄┄┄┄┄┄┄┄ 128

7.3 双层吸波涂层研究 ┄┄┄┄┄┄┄┄┄┄┄┄┄┄┄┄┄┄┄┄┄ 129

7.3.1 遗传算法优化设计 ┄┄┄┄┄┄┄┄┄┄┄┄┄┄┄┄┄ 129

7.3.2 涂层制备及形貌分析 ┄┄┄┄┄┄┄┄┄┄┄┄┄┄┄ 131

7.3.3 吸波性能测试 ┄┄┄┄┄┄┄┄┄┄┄┄┄┄┄┄┄┄┄┄┄ 132

7.4 环境因素对吸波性能的影响 ┄┄┄┄┄┄┄┄┄┄┄┄┄┄ 133

7.4.1 循环加速实验设计 ┄┄┄┄┄┄┄┄┄┄┄┄┄┄┄┄┄ 133

7.4.2 表面形貌分析 ┄┄┄┄┄┄┄┄┄┄┄┄┄┄┄┄┄┄┄┄┄ 134

7.4.3 吸波性能分析 ┄┄┄┄┄┄┄┄┄┄┄┄┄┄┄┄┄┄┄┄┄ 136

7.5 小结 ┄┄┄┄┄┄┄┄┄┄┄┄┄┄┄┄┄┄┄┄┄┄┄┄┄┄┄┄┄┄ 138

参考文献 **140**

1

绪　论

1.1　研究背景及意义

随着越来越多的高新科技应用于军事领域，各种先进的武器平台相继问世亮相，"首战即决战，发现即摧毁"成为现代化战争的显著特征之一[1]。"隐身技术"能够有效降低武器装备的声、电、光、磁等特征信号[2]，提高战场生存能力和突防打击能力，因而受到了世界各军事强国的重视。

在现代战争中，雷达是对远程目标实施探测、跟踪及识别的主要手段[3]。因此，在当前隐身技术研究中，雷达隐身技术的研究占有重要地位。依据降低目标雷达散射截面积（RCS）的原理，可以将雷达隐身技术分为外形隐身技术和雷达吸波材料（RAM）隐身技术两大类[4,5]。RAM 作为现代高科技军事装备的基础材料，在雷达隐身技术中占有重要位置。美军采用了 RAM 的军事装备在 20 世纪 90 年代以来的多场局部战争中得到空前应用，取得了非凡的战绩，引起世界各军事大国的广泛关注和持续研究[6]。目前，美国在 RAM 领域处于国际领先水平，英、法、德、俄、日等军事大国紧随其后，在该领域取得了很大的进展[2]。在信息化时代的军事行动中，各国对 RAM 的性能要求也日渐提高，不仅需要满足"薄、轻、宽、强"的基本要求，更是朝着"纳米化、复合化、智能化、兼容化"的方向发展。

科技的发展使得部队在指挥通信、预警侦察及战场评估等系统中装备了大量电子或电气设备。在复杂的战场电磁环境下，这些设备在运行时会受到周围电磁环境的干扰，尤其是受到敌方定向强电磁干扰，容易产生误动与失控等问题，对其他设备的正常工作产生干扰，甚至被摧毁而丧失战斗力[7]。

此外，此类设备运行时本身会向周围环境发射电磁能量，易被敌方截获，导致军事秘密的泄露，造成不可挽回的损失[8]。因此，在复杂电磁环境下的军事行动中，为了确保己方各种电子或电气设备的正常运转，有效遂行对敌方电磁干扰的反击和压制，必须采用有效的电磁屏蔽措施。

军事目标的雷达隐身和电磁屏蔽亟须新型高性能的吸波材料。与上述几个军事强国的研究相比，我国存在研究起步较晚，研究基础相对薄弱等问题。因此，开展高性能吸波材料的研究，对提高我国在这一领域的发展水平，增强武器装备的实战能力、推动部队实战化建设、适应未来战争需要，有着重大而深远的意义。

1.2 磁性粉体包覆式核壳吸收剂研究现状

RAM 是由吸收剂和基体材料两个主要部分组成，能够有效吸收入射电磁波并使其散射衰减的一类功能材料[9]。常用的基体材料为环氧树脂、天然橡胶、氯丁橡胶及聚氨酯树脂等[6]。吸收剂在 RAM 中主要起吸收和衰减电磁波的作用，是决定 RAM 吸波性能的关键因素。依据对电磁波损耗机制的不同，传统吸收剂主要分为电损耗型吸收剂和磁损耗型吸收剂[6]。

RAM 中常用的电损耗型吸收剂主要有导电高分子材料[10-12]、碳材料[13-16] 及陶瓷[17-20] 等。电损耗型吸收剂具有密度小、介电损耗较大等优点，但是由于这些吸收剂本身不具有磁性，导致介电常数与磁导率相差较大，使得其阻抗匹配特性较差，单独使用时性能并不理想，通常是与磁性吸收剂进行复合以调控电磁参数，改善吸波性能。铁氧体及磁性金属为 RAM 中常用的磁性吸收剂。当前铁氧体吸收剂的研究重点是尖晶石型铁氧体及磁铅石型铁氧体[21-24]。Co、Ni 及其合金与羰基铁粉是磁性金属吸收剂中最主要的两类[25-29]，具有较高的磁导率和磁损耗。虽然磁性吸收剂的吸波性能相对较为优异，但是密度大，频带窄，高频段易受趋肤效应影响等缺陷仍然是其在 RAM 领域应用时无法回避的难题。

吸波频带窄及匹配厚度大等问题是传统吸收剂发展和应用中始终无法突破的瓶颈，限制了其在 RAM 中的进一步应用。根据目前 RAM 的发展状况，单纯种类的吸收剂很难满足雷达波隐身技术日渐提高的综合要求，多种吸收剂之间的优势互补复合成为 RAM 研究和发展的重点方向[6]。核壳型磁性吸收剂具有特殊的电子结构和表面性质，通过核粒子和壳粒子之间在微纳米尺度上的有效复合，能够兼具两者的物化特性，充分发挥各组分的协同效应，从而得到一种新型的复合吸收剂[30]。核壳型磁性吸收剂按照磁性吸收剂分布不同可以分为磁性粉体填充式核壳型吸收剂（如聚苯胺包覆铁氧体[31-33]，碳包覆磁性金属[34-36]等）和磁性粉体包覆式核壳型吸收剂。磁性粉体包覆式核壳型吸收剂是由中心核粒子和磁性粉体包覆壳层组成[37]。按包覆层的形态不同可分为均匀薄膜包覆和粒子包覆两种[37]，如图1.1所示。核粒子通常是较大粒子，壳层通常是较小磁性粒子构成。

核壳型磁性复合吸收剂按核壳的组成与特征可以分为两种类型：磁-磁复合与电-磁复合。磁-磁复合类型中核粒子与壳层都是由磁性吸收剂组成，将不同类型的磁性吸收剂以核壳结构的形式组合起来拓展吸波性能，有望获得吸收强度大、吸波频段宽的RAM[30]。常见的类型主要是磁性金属与铁氧体复合[38-40]及铁氧体与铁氧体复合[41-43]，亦有少量在羰基铁表面包覆Ni、Co的相关报道[44,45]，以此调控电磁参数，改善吸波性能。电-磁复合常见的类型主要是碳材料与磁性吸收剂复合[46-48]及陶瓷与磁性吸收剂复合[49,50]等。在电损耗型吸收剂表面包覆磁性吸收剂，能够在提高其磁性能，明显改善阻抗匹配能力的同时，利用其密度小的优点，取长补短，有望获得新型轻质带宽的RAM。

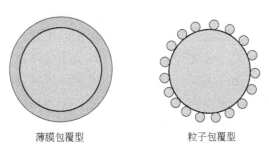

薄膜包覆型　　　　　　　　粒子包覆型

图1.1　核壳结构磁性复合吸收剂结构示意图

1.2.1　磁-磁复合核壳型磁性吸收剂

（1）磁性金属-铁氧体复合

传统铁氧体吸收剂面临的主要问题是磁损耗弱、吸波频带窄及匹配厚度大等。传统磁性金属吸收剂的主要问题是在高频段容易受到趋肤效应的限制而导致吸波性能恶化。此外，磁性金属吸收剂由于粒径较小、微粒分散和氧化等问题同样困扰着研究人员。将磁性金属与铁氧体复合，可以实现两者之间的优势互补，既可以缓解金属微粉趋肤效应的影响及微粒分散和氧化等问题，又能够改善铁氧体磁性能不足的缺陷，达到取长补短的目的。铁氧体包覆磁性金属和磁性金属包覆铁氧体是磁性金属-铁氧体复合核壳型吸收剂研究的两个主要方面。

将铁氧体包覆在纳米金属粒子表面得到核壳复合粉体，能够增强金属粒子的稳定性，较好地解决了其易发生团聚、分散性差等问题。利用共沉淀法在纳米 Ni 表面包覆 Fe_3O_4 从而获得具有核壳结构的纳米粉体，吸波性能测试表明，在相同质量比条件下，该纳米粉体吸波性能明显优于核粒子和壳粒子单独作为吸收剂时的吸波性能，而且通过调控核粒子与壳粒子之间的比例，能够有效调节吸波频段和反射率峰值大小[40]。李婷等[51] 采用液相还原-氧化法成功制备了 Fe-B/Fe_3O_4 核壳结构纳米复合吸收剂，其反射率在频率为 12.0GHz 时达到最小值（—31dB），反射率低于—20dB 时的频率范围为 10.1～14.2GHz。利用非均匀成核和化学沉淀组合方法，刘姣等[52,53] 在超细 CI 表面原位包覆 $MgFe_2O_4$，对制备工艺、抗氧化性及吸波性能进行了研究。结果表明，复合粉体的抗氧化性能良好，当厚度为 1.5mm 时，最小反射率为 —17.8241dB，反射率小于—10dB 时的吸波带宽（频带宽度）为 5.52GHz。Tian N 等[54] 在片状纳米铁表面包覆了纳米 $MgFe_2O_4$ 之后，使 Fe-$MgFe_2O_4$ 核壳粉体具有了较好的阻抗匹配特性，吸波性能明显改善，当涂层厚度为 1.5mm 时，反射率峰值下降 10.4dB，复合粉体的形貌如图 1.2(a) 所示。

为了改善铁氧体磁性能较弱导致磁损耗较低的不足，科研人员常采用化学镀、共沉淀法等方法，在铁氧体表面包覆饱和磁化强度较高的磁性金属构造具有核壳结构的复合粉体，不仅能够提高铁氧体的磁性能，而且可以改善磁性金属在高频下存在的趋肤效应，使得复合粉体在高频时仍能保持较高的磁导率，是改善复合粉体吸波性能卓有成效的途径[38,39,55-58]。Yan X 等[38] 制备了纳米 Co 包覆 Ni-Zn 铁氧体的核壳结构复合吸收剂。吸波性能分析结果表明，复合粉体的最小反射率为—33.8dB，小于—20dB 的吸波带宽为 7.6～12.1GHz，而且通过改变核粒子与壳粒子之间的质量比可以有效地调节吸波性能 [图 1.2(b)]。武晓威等[55] 采用化学镀的方法在 $BaFe_{12}O_{19}$ 表面成功包覆了 Ni-P 合金壳层，复合粉体具有较好的吸波性能，2～18GHz 时的最小反射率为—23.4dB，小于—10dB 时的吸波带宽达到 2.8GHz。在 $SrFe_{12}O_{19}$ 表面采用化学镀的方法沉积 Ni[56] 及 Ni-P[57] 薄膜能够实现核壳组分之间的取长补短，从而改善吸波性能。如 $SrFe_{12}O_{19}$-Ni 核壳结构复合粉体最小反射率达到—41.3dB，吸波带宽（<—10dB）达到 8GHz，优于单纯的 Ni 及 $SrFe_{12}O_{19}$ 的吸波性能[56]。Wang G 等[58] 在纳米 Fe_3O_4 表面包覆了一层纳米

Co 壳层，结果表明核壳粉体能够获得比单纯 Fe_3O_4 更加优良的吸波性能，小于 -10dB 时的吸波带宽达到 2.9GHz。

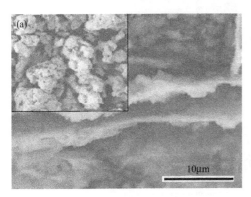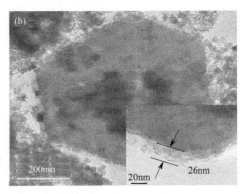

图 1.2 Fe-$MgFe_2O_4$（a）和 $NiZnFe_2O_4$-Co（b）核壳吸收剂的形貌图

（2）不同类型铁氧体复合

自然共振是铁氧体吸收剂损耗电磁波的主要机理，类型不同的铁氧体，共振频段往往各不相同。因此，铁氧体之间的复合可以使不同的共振频段叠加互补，从而拓宽复合粉体的吸波带宽，提高吸波性能。

尖晶石型铁氧体吸收剂的研究在国内外已有很长的历史，但是由于各向异性场（H_A）很小，使得其在微波频段的磁导率及吸收特性不及六角晶系铁氧体。因此，研究中常将尖晶石型铁氧体和六角晶系铁氧体进行有效复合[42,43,59-61]。采用共沉淀法将 $SrFe_{12}O_{19}$ 与 Fe_3O_4 复合制备成具有核壳结构的复合粉体，能够有效结合两者的优点，实现优势互补，在低频段和高频段都有较好的吸波效果[59]。陈映杉等[60]通过溶胶-凝胶法，制备出包覆良好，分层界面清晰的 $SrFe_{12}O_{19}$-$ZnFe_2O_4$ 核壳结构复合粉体，如图 1.3 所示。该复合粉体在 8~18GHz 频率范围内，吸波性能逐渐增强，当频率为 12GHz 时，反射率达到最小值，为 -9.7dB。理论分析表明，核壳结构能够增加电磁波在传输反射过程中的波程长，从而增强吸波性能[60]。

将不同种类的尖晶石型铁氧体复合是改善粉体电磁性能的有效手段。Hong R Y 等[62]制备了具有核壳结构的 Fe_3O_4-$Mn_{1-x}Zn_xFe_2O_4$ 复合粉体，其饱和磁化强度达到 68A·m^2/kg，具有良好的电磁性能，在 RAM 领域具有潜在的应用价值。Song Q 等[63]在 $CoFe_2O_4$ 表面包覆 $MnFe_2O_4$ 得到了具有良好电磁性能的核壳粉体。Honarbakhsh-Raouf A 等[64]采用溶胶-凝胶法在 $CoFe_2O_4$ 表面成功包覆了 $Ni_{0.5}Zn_{0.5}Fe_2O_4$，得到了具有核壳结构的复合粉体，

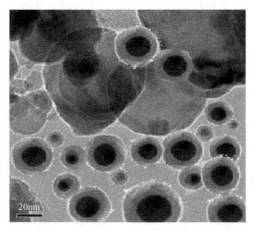

图 1.3 $SrFe_{12}O_{19}$-$ZnFe_2O_4$ 核壳吸收剂的形貌图

两者之间的复合有效改善了 $Ni_{0.5}Zn_{0.5}Fe_2O_4$ 的磁性能。

1.2.2   电-磁复合核壳型磁性吸收剂

(1) 碳材料-磁性吸收剂复合

碳材料具有原料来源广泛和密度低等优点，被广泛应用于 RAM 中，是电损耗型吸收剂中非常重要的种类。对于碳材料吸收剂的研究是以炭黑、石墨等材料为起点，由数代人的努力逐步丰富和发展起来，形成了当今以碳纤维（CF）、碳纳米管（CNTs）为重要支撑，传统（炭黑、石墨）与新型（石墨烯）吸收剂并存的格局。在碳材料表面包覆磁性吸收剂，一方面能够极大地提高碳材料的磁性能，明显改善其阻抗匹配能力，有效提高吸波性能；另一方面则可以获得比磁性吸收剂的密度显著降低的复合粉体，使得碳材料-磁性吸收剂在轻质 RAM 领域有了潜在的应用前景。

① CF-磁性吸收剂复合   CF 是功能与结构一体化的优良吸收剂，具有质轻、硬度高、高温强度大及耐腐蚀等特点[65]。在 CF 表面包覆 Fe_3O_4，能够通过调节 Fe_3O_4 的形貌及包覆量而改变复合吸收剂整体的性能，是提高其吸波性能的有效手段之一[66-68]。Qiang C 等[66] 通过工艺条件控制 Fe_3O_4 的形貌，成功制备了 CF-Fe_3O_4 核壳结构复合吸收剂，如图 1.4(a) 所示。吸波性能测试结果表明，厚度在 2.5～5.12mm，反射率小于 -10dB 时的吸波带宽为 6.49GHz，反射率小于 -20dB 时的吸波带宽为 2.62GHz；厚度为 4.41mm时，最小反射率为 -35dB。Meng X 等[67] 用电镀法在 CF 表面原位包覆了纳米 Fe_3O_4 获得了吸波性能优良的复合吸收剂，当厚度为 4mm 时，复合粉体

的最小反射率小于－30dB。

　　相比在 CF 表面包覆铁氧体涂层，研究人员更青睐在 CF 表面包覆 Ni、Co 及 Ni-Fe 合金等磁性金属微粉或金属合金[69-73]。Park K Y 等[69] 制备了 CF-Ni/Fe 核壳结构复合吸收剂 [图 1.4(b)]，当吸收剂质量分数为 3%，厚度为 2.3mm 时，在 X 波段反射率小于－10dB 时的吸波带宽为 2.8GHz；提高吸收剂质量分数（40%）和厚度（2.4mm），在 X 波段反射率小于－10dB 时的吸波带宽为 3.7GHz。Wang L 等[71] 用电镀法在 CF 表面成功包覆了厚度约为 0.5μm 的 Fe-Co 合金，当厚度为 1.3～6.0mm 时，反射率小于－10dB 时的吸波带宽能够覆盖 2～18GHz，反射率小于－20dB 时的吸波带宽达到 6.8GHz；当厚度为 1.7mm 时，最小反射率为－48.2dB。

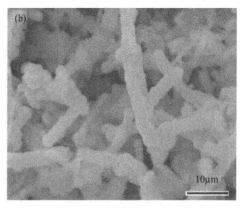

图 1.4　CF-Fe$_3$O$_4$（a）和 CF-Ni/Fe（b）核壳吸收剂的形貌图

　　② CNTs-磁性吸收剂复合　　CNTs 作为一维纳米材料具有密度小、耐高温、稳定性好等优点，是应用前景十分广阔的吸收剂之一[74]。研究人员通常将金属及金属合金等磁性材料涂覆在 CNTs 表面，以提高复合粉体的吸波性能[75-79]。Wen F 等[75] 制备了 CNTs-Fe、CNTs-Co 和 CNTs-Ni 三种核壳结构复合粉体，图 1.5(a) 所示为 CNTs-Fe 复合粉体。研究结果表明，CNTs-Fe 的吸波性能明显优于其他两种复合粉体，当厚度为 4.27mm 时，最小反射率为－39dB。姚文惠等[76] 为了提高 CNTs 的吸波性能，在 CNTs 表面镀覆了一层 Ni-Co-La 合金层，最低反射率达到－14.3dB，反射率小于－5dB 时的吸波带宽为 5.0～7.0GHz，CNTs 表面化学镀覆 Ni-Co-La 合金后在其原有较高的介电损耗基础上兼具明显的磁损耗是吸波性能改善的主要原因。丁鹤雁[77] 研究了 CNTs-Co 及 CNTs-Co-Fe 核壳结构复合粉体 700℃下热处理之后的吸波性能，表明 CNTs 表面包覆 Co 及 Co-Fe 合金后，其饱和磁化强度明显提

高，在高频段具有较好的吸波性能。

此外，也有部分研究人员将铁氧体等包覆在 CNTs 表面，以此达到改善吸波性能的目的[80-83]。贺可强等[80]用溶胶-凝胶自燃法制备了 $BaFe_{12}O_{19}$ 包覆 CNTs 的纳米晶粉体。研究了不同混合比复合粉体的吸波性能。结果表明：复合粉体的磁损耗主要是由于自然共振和交换共振引起的；当复合粉体中 CNTs 掺杂 2%（质量分数）时，反射衰减最小值可以达到 -24.85dB，小于 -10dB 时的吸波带宽可以达到 6.30GHz。Cao H 等[81]采用水热法制备了 $Ni_{0.75}Zn_{0.25}Fe_2O_4$ 包覆的 CNTs 磁性纳米复合粉体［图 1.5（b）］，使 CNTs 获得了较好的铁磁性，矫顽力值达到 27.2443kA/m。孙健明[82]用均匀沉淀的方法在 CNTs 表面包覆了 Fe_3O_4，结果表明，相对原始 CNTs，改性后的 CNTs 静态磁性能有了显著提高，比饱和磁化强度为 12.15A·m^2/kg，电磁参数发生明显变化，充分发挥了 CNTs 的介电性能和 Fe_3O_4 的磁性能。

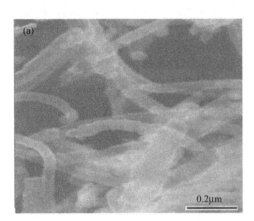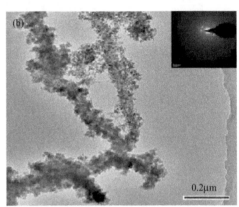

图 1.5　CNTs-Fe（a）和 CNTs-$Ni_{0.75}Zn_{0.25}Fe_2O_4$（b）核壳吸收剂的形貌图

（2）陶瓷-磁性吸收剂复合

陶瓷材料耐高温、质量轻，同时具有吸波性能，近年来在高温 RAM 研究中被广泛应用[84]。常见的陶瓷吸收剂主要有碳化硅、氮化硅和氧化铝等，研究最多的是碳化硅[84]。陶瓷-磁性吸收剂复合制备核壳型吸收剂中常见的是磁性金属包覆碳化硅粉体。

在碳化硅晶粉表面包覆 Ni、Ni-Co、Ni-P 及 Fe 等镀层，能够有效调控碳化硅粉体的电磁参数，改善吸波性能[85-88]。薛茹君等[85]用化学镀方法，在纳米碳化硅表面包覆 Ni-Co-P，得到具有核壳结构的纳米复合粉体。碳化硅颗粒表面 Ni 和 Co 的质量分数分别为 9.4% 和 11.5% 时，复合粉体有较高矫顽力和较好的电磁参数。张跃波等[86]采用化学镀等方法在碳化硅晶粉表面镀

Ni，得到了性能良好、具有核壳形貌的复合粉体，具有在 RAM 中潜在的应用前景。Yuan J 等[87] 比较了纯碳化硅晶粉与 SiC-Ni 核壳结构复合粉体介电性能的温度响应行为。结果表明，随温度的升高，纯碳化硅晶粉与 SiC-Ni 核壳结构复合粉体的介电常数都会增加；后者介电常数随温度增加的幅度更明显，吸波性能得到明显改善。

1.2.3　存在的问题及发展趋势

磁性粉体包覆式核壳型吸收剂由于优良的电磁性能，近年来成为研究的热点，其中以磁性金属包覆最为常见，且在核粒子表面包覆磁性金属后吸波效果改善明显。在铁氧体表面包覆磁性金属后，复合粉体具有了良好的阻抗匹配性能和衰减性能，从而获得了较好的吸波性能；在碳材料表面包覆磁性金属，一方面极大地提高了碳材料的磁性能，明显改善了其阻抗匹配能力，有效提高了吸波性能；另一方面可以获得密度很小的复合粉体，使得实现轻质带宽的目标成为可能。尽管国内外对磁性粉体包覆式核壳型吸收剂研究取得了一定的进展，但是目前主要以实验室探索性研究为主。为使其从实验室研究走向规模化应用，还应从以下几个方面进行努力：

(1) 探索"合理可行、经济高效"的工艺流程

磁性粉体包覆式核壳型吸收剂常见的制备工艺主要有水/溶剂热法、化学镀/电镀法、共沉淀法及溶胶-凝胶法等。这些方法主要在实验室研究中较为便利，但是在规模化制备磁性粉体包覆式核壳型吸收剂方面略显不足。因此，亟须探索合理可行、经济高效的工艺流程，对制备过程中工艺参数进行研究，在此基础上，解决核壳结构微粒的团聚和分散、壳层厚度的控制等问题，使核壳结构吸波材料能够走出实验室，为工业化生产奠定基础。

(2) 寻求"廉价易得、性能互补"的新型核壳型复合吸收剂

在众多的传统吸收剂当中，选择相对廉价，性能互补的核粒子和壳粒子，通过调节复合粉体中核壳组分之间的比例，调控核壳粉体的形貌结构和电磁参数，从而增强复合粉体的吸波性能。从目前的研究进展来看，将磁性金属与铁氧体和碳材料进行复合改性，有望使这三类传统吸收剂焕发出新的光彩，发展出吸波性能良好的新型复合吸收剂。

(3) 制备核壳型磁性吸收剂吸波涂层

当前，核壳型磁性吸收剂的吸波性能研究多以电磁参数模拟计算为主，实际吸波效果得不到确切验证。因此，迫切需要将制备的核壳型磁性吸收剂与基体复合，制备成吸波涂层，以验证其实际的吸波效果。

1.3 羰基金属包覆式核壳型复合粉体研究现状

羰基金属有机化合物是制备羰基金属包覆式核壳型复合粉体中最常用的前驱体，科研人员常采用金属有机化学气相沉积（MOCVD）获得羰基金属壳层[89]。MOCVD 工艺制备羰基金属包覆式核壳型复合粉体是一种金属有机化合物（MO）在一定温度下转变为气态并随载气进入反应器从而发生化学气相分解反应的方法，其基本原理是：热解或光解 MO 前驱体，使气体分子被加热、活化，达到发生化学气相分解反应所需的温度，迅速在基体表面完成反应、成核、生长、成膜等过程，一般具有下列反应形式：$A(g) \xrightarrow{\triangle} B(s) + S(g)$。因其具有沉积温度低、沉积速度快、沉积灵活性强、合成材料的成分可控，并且可以通过控制工艺参数来精确控制壳层厚度、组成和掺杂等优点而日益受到人们的广泛重视[90,91]。

1.3.1 羰基铁包覆式核壳型复合粉体

$Fe(CO)_5$ 是 MOCVD 工艺制备羰基铁包覆式核壳型复合粉体的前驱体。目前，利用 MOCVD 工艺热分解 $Fe(CO)_5$ 主要应用于吸波材料[92-94]、功能梯度材料[95-99] 及功能催化剂[100-102] 制备等方面。许永平等[92] 利用 $Fe(CO)_5$ 受热分解，采用 MOCVD 方法在 SiC 纤维表面包覆羰基铁涂层引入了磁损耗机制，同时改变工艺条件，可以在较大范围内调节涂层纤维的介电常数。孙军等[93] 基于 $Fe(CO)_5$ 受热分解，在玻璃纤维上镀敷了纳米羰基铁薄膜，研究结果表明复合后磁性能良好，为该纳米铁磁复合纤维在 RAM 中的应用奠定了基础。在四针状氧化锌（T-ZnO）晶须表面通过热解 $Fe(CO)_5$ 进行羰基铁包覆是改善其吸波性能的有效途径，复合粉体形貌如图 1.6(a) 所示。与羰基铁物理混杂 T-ZnO 晶须相比，表面包覆羰基铁后，复合粉体密度低、电磁性能好[94]。

章娴君等对 $Fe(CO)_5$ 热分解制备羰基铁包覆式核壳粉体进行了较为详细的研究，制备了羰基铁-Mo[95]，羰基铁-陶瓷[96] 以及羰基铁基发光材料[97] 等一系列功能材料，通过在基体表面沉积羰基铁颗粒，大大提高了材料的表面性能。Haugan H J 等[98] 利用 MOCVD 工艺在 GaAs 表面生长纳米羰基铁薄膜，成功获得了性能优良的复合粉体。热解 $Fe(CO)_5$，在纳米铝粉表面包覆羰基铁能够制备出具有良好形貌结构的核壳结构复合粉体 [图 1.6(b)]，羰基铁的包覆量随 Fe(CO)$_5$ 注入量的增多而增大。与单一组分相比，表面改性后，微米铝粉的燃烧过程得到明显改善[100,101]。Xu C[102] 等以 Fe(CO)$_5$ 为前驱体，成功制备了 Al$_2$O$_3$ 负载纳米羰基铁颗粒的催化剂并应用在 CNTs 制备当中，取得了不错的效果。

图 1.6 T-ZnO/CI（a）和 Al-CI（b）核壳粉体的形貌图

1.3.2 其他羰基金属包覆式核壳型复合粉体

以 $Ni(CO)_4$、$W(CO)_6$、$Mo(CO)_6$ 为源物质制备镍膜、钨膜和钼膜在航空航天、武器装备等领域具有广阔的应用前景[103-105]。李一[103,104] 等采用 MOCVD 工艺，以 $Ni(CO)_4$ 和 $W(CO)_6$ 为前驱体，以碳纤维为基体，得到了碳纤维-羰基镍和碳纤维-碳化钨核壳型复合粉体。结果表明，碳纤维表面膜层连续致密，结合良好；沉积羰基金属后碳纤维抗热氧化性能和力学性能得到了明显提高。章娴君等[105] 利用 MOCVD 方法，以 $Mo(CO)_6$ 或 $W(CO)_6$ 和 $Mo(CO)_6$ 联合为前驱体，在 Al_2O_3 陶瓷基片原位生长了 Mo_2C 和 Mo/W 合金薄膜，探讨了该薄膜结构受温度及沉积速率等工艺因素影响的关系，得到了具有超模量、超硬度的优良复合材料。

综上所述，热解羰基金属化合物可以广泛应用于不同基体表面改性等多个重要的技术领域。尤其是在 RAM 领域，热解 $Fe(CO)_5$ 在不同基体表面沉积羰基铁，从而获得具有优良吸波性能的复合吸收剂的研究方兴未艾。探索合理的制备流程，寻求合适的沉积基体以及调控羰基铁在复合吸收剂中的比例将是热解 $Fe(CO)_5$ 制备复合吸收剂中的关键问题。

1.4 磁性核壳结构吸波材料构建研究及制备技术

本书以离子取代和稀土掺杂改性后的铁氧体（镍基铁氧体和锶基铁氧体）及预处理后的碳材料（碳纤维和碳纳米管）为核粒子，利用流化床-金属有机化学气相沉积（FB-MOCVD）工艺热解 $Fe(CO)_5$ 气体，从而在核粒子表面构筑厚度为微纳米级的羰基铁壳层，通过改变工艺条件，调控核壳粉体的形貌结构和吸波性能。在此基础上，进行了单层和多层吸波涂层的优化设计研究，并以环氧树脂为基体制备了相应的性能优异的吸波涂层，通过优化设计值和实测值的比较，验证了优化结果的准确性，并对制备的涂层进行环境适应性的初步研究。主要工作和结论如下：

（1）对羰基铁包覆式核壳粉体的制备工艺进行了设计

基于热力学与晶体成核-长大理论，提出以沉积温度和沉积时间为调控核壳粉体形貌结构和吸波性能的主要因素，构建了 FB-MOCVD 实验装置，确定了核粒子加入量、$Fe(CO)_5$ 汽化温度、$Fe(CO)_5$ 载气流量以及不同核粒子的流化气体流量；给出了溶胶-凝胶法制备复合铁氧体的工艺流程和碳材料的预处理流程；最终确定了制备羰基铁包覆式核壳粉体工艺的步骤，为制备优良的核壳结构复合吸收剂奠定了实验基础。

（2）针对 $NiFe_2O_4$ 和 $SrFe_{12}O_{19}$ 铁氧体匹配厚度大和衰减性能弱的缺点，利用溶胶-凝胶法对铁氧体核粒子进行了离子取代和稀土掺杂改性

① 制备了 $Ni_{0.5-x}Zn_{0.3-x}Mn_{0.2+2x}Fe_2O_4$ （$x=0.0$，0.1，0.2，0.25）铁氧体。结果表明：$Ni_{0.5-x}Zn_{0.3-x}Mn_{0.2+2x}Fe_2O_4$ 具有室温超顺磁性，晶粒尺寸、晶格常数及饱和磁化强度（M_s）随着取代量 x 的增加而变大。适量的 Mn-Zn 共取代可以提高 $NiFe_2O_4$ 铁氧体的介电常数和磁导率，从而改善阻抗匹配和衰减性能，提高粉体的吸波性能。当取代量 $x=0.1$ 时，与 $NiFe_2O_4$ 相比，样品的匹配厚度由 $6.5mm$ 降为 $3.8mm$，最小反射率为 $-27.6dB$（$11.0GHz$），吸波带宽达到 $8.0GHz$（$<-10dB$）。

② 在最佳 Mn-Zn 共取代镍基铁氧体的基础上，制备了 $Ni_{0.4}Zn_{0.2}Mn_{0.4}Ce_xFe_{2-x}O_4$ （$x=0.02$，0.04，0.06，0.08）铁氧体。结果表明：晶体粒径随着掺杂量 x 的增加呈现出逐渐减小的趋势；M_s 则随着掺杂量 x 的增加先增大后减小，当 $x=0.06$ 时 M_s 达到最大。Ce 掺杂能够进一步改善镍铁氧体的吸波性能，并使吸收峰向高频段移动。当取代量 $x=0.06$ 时，样品的匹配厚度由 $3.8mm$ 降为 $2.4mm$，最小反射率为 $-31.1dB$（$11.9GHz$），吸波带宽为 $8.3GHz$（$<-10dB$）。

③ 制备了 $SrCo_xFe_{12-x}O_{19}$ （$x=0$，0.05，0.10，0.15，0.20，0.25）铁氧体。结果表明：随着取代量 x 的增加，晶格常数 a 会先增大后减小，而晶格常数 c 则会一直减小；M_s 和矫顽力（H_c）在 $x=0.20$ 时分别达到最大。适量 Co^{2+} 取代可以有效调控 $SrCo_xFe_{12-x}O_{19}$ 的介电常数和磁导率，提高粉体的磁损耗能力，有助于 $SrFe_{12}O_{19}$ 吸波性能的提高，当 $x=0.20$ 时，样品的匹配厚度由 $5.2mm$ 降为 $2.4mm$，最小反射率为 $-24.7dB$，吸波带宽达到 $4.7GHz$（$<-10dB$）。

④ 在最佳 Co 取代锶基铁氧体的基础上，制备了 $Sr_{0.8}Re_{0.2}Fe_{11.8}Co_{0.2}O_{19}$（$Re=La$、$Nd$）铁氧体。结果表明：与 Nd^{3+} 相比，La^{3+} 掺杂对样品的介电常数和磁导率改变明显，样品的吸波性能得到了进一步提高，当涂层厚度为 $2.0mm$ 时，具有最小反射率 $-27.8dB$，吸波带宽为 $5.2GHz$（$<-10dB$）。

（3）制备了铁氧体-羰基铁核壳型微纳米吸收剂，对其吸波性能进行了优化设计，实现了通过控制沉积温度和沉积时间，调控核壳形貌，进而调控吸波性能的目的

沉积温度对核壳粉体的微观结构和吸波性能有着重要的影响。当沉积温度较低时（＜190℃），由于反应速率较低，导致在铁氧体表面原位生长的羰基铁颗粒较少，呈细小弥散状；随着沉积温度升高（220℃），反应速率加快，沉积到铁氧体表面的羰基铁颗粒互相融合，形成了完整的薄膜包覆型核壳结构。在一定温度下，羰基铁壳层的厚度与沉积时间呈线性关系，通过调节沉积时间，可以有效控制壳层厚度，进而调节电磁参数，调控核壳粉体的吸波性能。当沉积温度为220℃，沉积时间为50 min时，铁氧体-羰基铁核壳型微纳米吸收剂具有最佳的形貌及吸波性能。

在最优条件下，$Ni_{0.4}Zn_{0.2}Mn_{0.4}Ce_{0.06}Fe_{1.94}O_4$-羰基铁（NZMCF-CI）核壳结构吸波粉体中羰基铁壳层厚度约为 $0.782\mu m$，羰基铁在核壳粉体中的质量分数为33%。当涂层厚度为1.8mm时，反射率最小值为 $-39.9dB$，小于 $-10dB$ 时的吸波带宽为14.2GHz（3.8～18GHz）；当涂层厚度为0.8～2.6mm时，在3.2～18GHz均能实现吸波强度低于 $-20dB$，在2.5～18GHz均能实现吸波强度低于 $-10dB$。在最优条件下，$Sr_{0.8}La_{0.2}Fe_{11.8}Co_{0.2}O_{19}$-羰基铁（SLFCF-CI）核壳结构吸波粉体中壳层厚度约为 $0.793\mu m$，羰基铁在核壳粉体中的质量分数为31%。当匹配涂层厚度为1～2mm时，反射率最小值为 $-44.7dB$（11.1GHz），反射率小于 $-10dB$ 时的吸波带宽为5.4GHz（8.8～14.2GHz）；当涂层厚度为0.4～1.8mm时，在7.3～18GHz均能实现吸波强度低于 $-20dB$，在6.0～18GHz均能实现吸波强度低于 $-10dB$。

(4) 制备了碳材料-羰基铁核壳型微纳米吸收剂，对其吸波性能进行了优化设计，实现了通过控制沉积温度和沉积时间，调控核壳形貌，进而调控吸波性能的目的

与铁氧体相比，在碳材料表面沉积羰基铁需要更高的温度。当沉积温度较低时（＜210℃），碳材料表面仅见离散细小的羰基铁颗粒；随着沉积温度升高（210～240℃），沉积到碳材料表面的羰基铁颗粒逐渐增多，在碳纤维表面互相融合形成完整的薄膜包覆型核壳结构，在碳纳米管表面均匀分布形成粒子包覆型核壳结构。在一定温度下，通过调节沉积时间，可以有效控制羰基铁壳层在核壳粉体中的质量分数，进而调节电磁参数，调控核壳粉体的吸波性能。以核壳形貌及吸波性能为考察指标，当沉积温度为240℃，沉积时间为30min时，碳材料-羰基铁核壳型微纳米吸收剂具有最佳的形貌和吸波性能。

在最优条件下，碳纤维-羰基铁（CF-CI）核壳结构复合粉体中壳层厚度约为 $0.805\mu m$，羰基铁在核壳粉体中的质量分数为83.3%，涂层厚度为0.9mm时，小于 $-10dB$ 的吸波带宽最大为4.6GHz（13.4～18GHz），涂层厚度为 2.0mm 时，反射率达到最小值−21.5dB，涂层厚度为 0.9～3.9mm 时，在 2～18GHz 均能实现吸波强度低于−10dB；碳纳米管-羰基铁（CNTs-CI）核壳结构复合粉体中壳粒子平均粒径为 15 nm，羰基铁在核壳粉体中的质量分数为 81%，涂层厚度为 2.9mm 时，反射率达到最小值−28.3dB，小于−10dB 时的吸波带宽为 6.1GHz（10.2～16.3GHz），涂层厚度为 0.9～3.9mm 时，在 6.9～18GHz 均能实现吸波强度低于−10dB。

（5）定性分析了铁氧体-羰基铁和碳材料-羰基铁核壳粉体中羰基铁壳层质量分数与电磁参数及吸波性能之间的关系

计算结果证实，球形结构模型能够反映电磁参数和吸波性能随着羰基铁壳层质量分数增加的变化趋势，并且能够给出电磁参数和反射率的变化范围。但是，由于未在模型中考虑核壳之间的界面效应和粉体的形状效应，导致预测的电磁参数数值，反射率峰值和峰位与实测数据仍有较大差异。

（6）分析了铁氧体-羰基铁及碳材料-羰基铁核壳型微纳米吸收剂的吸波机理

核粒子与壳粒子之间的性能互补，沉积羰基铁壳层后，铁氧体-羰基铁及碳材料-羰基铁复合粉体的电损耗和磁损耗能力得到增强，在铁氧体-羰基铁中引入涡流损耗，改善了涂层的衰减性能，在碳材料-羰基铁中引入了自然共振产生的磁损耗，改善了涂层的阻抗匹配性能和衰减性能；"核壳结构"会为电磁波吸收提供新的途径，增加电磁波在吸收剂传输过程中的波程长，增强核与壳之间的多重散射。上述机理的共同作用使羰基铁包覆式核壳型微纳米吸收剂的吸波性能得到了显著增强。

（7）制备了羰基铁包覆式核壳型磁性吸波涂层，研究了涂层的吸波性能和环境适应性

以最优的 NZMCF-CI 及 CF-CI 核壳粉体作为吸收剂，制备了环氧树脂基单层吸波涂层，面密度分别为 3.964kg/m² 和 1.241kg/m²。利用遗传算法，以本书所列 9 种吸收剂为材料库进行了多层吸波涂层设计，得到了以 $Sr_{0.8}La_{0.2}Fe_{11.8}Co_{0.2}O_{19}$ 为阻抗匹配层（面层，厚度为 0.6mm），CNTs-CI 为吸收衰减层（底层，厚度为 1.0mm）的双层吸波涂层，最小值反射率为 −42.5dB，小于−10dB 时的吸波带宽为 15.0GHz，面密度为 1.951kg/m²。利用 SEM 对涂层的微观形貌进行分析，表明制备的单层和双层吸波涂层形貌良好，环氧树脂中吸收剂分布均匀，无明显缺陷存在；利用 RAM 反射率弓形测量法对制备的吸波涂层进行反射率实测并与理论计算值进行对比，证实了本书优化设计的准确性及涂层制备工艺的可靠性。

采用循环加速实验方法研究了高低温交变冲击-紫外辐射-臭氧氧化-盐雾腐蚀四种环境因素对涂层吸波性能的影响。涂层在耐受周期内，吸波性能并没有出现显著恶化，说明本书笔者制备的吸波涂层具有较好的环境适应性。

本书设计的FB-MOCVD工艺制备过程可控、稳定性好，能够在微米级核粒子（铁氧体及碳纤维）表面沉积微纳米级羰基铁薄膜形成薄膜包覆型核壳结构，在纳米级核粒子（碳纳米管）表面沉积纳米级羰基铁颗粒形成粒子包覆型核壳结构，通过调节沉积温度和沉积时间，可以有效地调控核壳形貌，充分发挥了核壳组分之间的复合协同效应，从而获得了优良的吸波性能。铁氧体-羰基铁核壳吸收剂初步实现了"薄、宽、强"的目的，适用于对重量要求不苛刻的静态军事目标如地面仓库、发射塔架及大型电子设备的雷达波隐身和电磁屏蔽。碳材料-羰基铁核壳结构吸收剂吸波性能优良，质量轻，初步实现了"薄、宽、轻、强"的目的，不仅适用于对重量要求不苛刻的静态军事目标的雷达波隐身和电磁屏蔽，对部分动态军事目标所要求的轻质领域同样适用。图1.7是本书的章节结构。

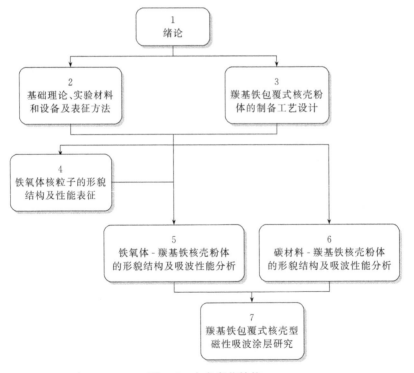

图 1.7　本书章节结构

2 基础理论、实验材料和设备及表征方法

2.1 引言

近年来，微纳米核壳型磁性吸收剂优异的吸波性能引起研究人员的持续关注。电磁波在入射到微纳米核壳型磁性吸收剂的过程中，不仅有常规的电损耗和磁损耗对其产生的衰减，而且在微观尺度上引入的纳米效应会使吸波性能进一步得到提升。本章利用电磁波理论和纳米材料的基本理论对本书研究的吸收剂和雷达吸波材料（RAM）类型进行了理论分析，并对全书所涉及的实验材料、仪器设备及研究方法进行了简要说明。

2.2 RAM 吸波原理

2.2.1 RAM 吸收电磁波的基本规律

RAM 置于电磁波场中时，其中的带电粒子（主要是吸收剂）因受到电磁场的作用力，分布状态会发生改变，宏观上表现为物质对电磁场的极化、磁化和传导响应，通常用介电常数（ε）、磁导率（μ）和电导率（σ）来描述[109]。

真空中的电磁场的电感应强度（D）和磁感应强度（B）分别为 $D = \varepsilon_0 E$ 和 $B = \mu_0 H$，式中 E 为电场强度，ε_0 为真空介电常数，H 为磁场强度，μ_0

真空磁导率[109]。当电介质存在时，电介质中电感应强度和磁感应强度与电场强度及磁场强度之间的关系即物质方程为[110]：

$$D = \varepsilon E \tag{2-1}$$

$$B = \mu H \tag{2-2}$$

$$\varepsilon = \varepsilon_0(1 + X_E) = \varepsilon_0 \varepsilon_r \tag{2-3}$$

$$\mu = \mu_0(1 + X_M) = \mu_0 \mu_r \tag{2-4}$$

式中，X_E 和 X_M 为电介质的电极化率和磁极化率，是一个无量纲的实数；ε_r 和 μ_r 为电介质的相对介电常数和相对磁导率，简称介电常数和磁导率，无量纲。当外场为交变场时，介质的极化和磁化状态逐渐落后于外场变化，此时相对介电常数和相对磁导率变为复数，分别为 $\varepsilon_r = \varepsilon' - i\varepsilon''$ 和 $\mu_r = \mu' - i\mu''$。式中 ε' 和 ε'' 分别为相对介电常数实部和虚部，简称介电常数实部和虚部；μ' 和 μ'' 分别为相对磁导率实部和虚部，简称磁导率实部和虚部。实部代表着储存能量的能力，虚部则代表消耗能量的能力[111]。除了 ε_r 和 μ_r 之外，还可以用介电损耗角正切（$\tan\delta_\varepsilon$）和磁耗角正切（$\tan\delta_m$）表征材料对电磁损耗能力的强弱[112]，如式（2-5）和式（2-6）所示：

$$\tan\delta_\varepsilon = \frac{\varepsilon''}{\varepsilon'} = \frac{\sigma}{\omega\varepsilon_0\varepsilon'} \tag{2-5}$$

$$\tan\delta_m = \frac{\mu''}{\mu'} \tag{2-6}$$

式中，ω 为角频率。

由式（2-5）可知

$$\varepsilon'' = \frac{\sigma}{\omega\varepsilon_0} = \frac{\sigma}{2\pi\omega\varepsilon_0} = \frac{1}{2\pi\varepsilon_0\rho f} \tag{2-7}$$

式中，ρ 为材料的电阻率；f 为电磁波频率。

由式（2-7）可见，随着材料 ρ 的减小，介电常数虚部值会增大，代表着对电磁波损耗能力的加强。因此，在铁氧体和碳材料表面包覆羰基铁壳层后，相对于单纯的铁氧体和碳材料，其介电常数虚部会有所增大，从而增强对电磁波的损耗。这些参数也可以用传播常数 k 表示[110]：

$$k = \omega\sqrt{\varepsilon_r\varepsilon_0\mu_r\mu_0} = \frac{\omega}{c}\sqrt{\varepsilon_r\mu_r} \tag{2-8}$$

式中，c 为真空中的光速。将其表示为复数形式：

$$k = k' - ik'' = |k|\varepsilon_r \frac{-i(\delta_\varepsilon + \delta_m)}{2} \tag{2-9}$$

在只有电损耗的情况下，传播常数 k 的实部和虚部分别为[110]：

$$k' = \frac{\omega}{c}\sqrt{\varepsilon'\mu'}\sqrt{\frac{1}{2}\left[1+\sqrt{1+(\tan\delta_\varepsilon)^2}\right]} \qquad (2\text{-}10)$$

$$k'' = \frac{\omega}{c}\sqrt{\varepsilon'\mu'}\sqrt{\frac{1}{2}\left[-1+\sqrt{1+(\tan\delta_\varepsilon)^2}\right]} \qquad (2\text{-}11)$$

对于导电性较好的材料，$k' \approx k'' = \frac{\omega}{c}\sqrt{\varepsilon'\mu'}\sqrt{\frac{\tan\delta_\varepsilon}{2}} = \sqrt{\frac{\omega\mu_0\mu_r\sigma}{2}}$。可见，电磁波在该类型材料中传播时，频率越高，电导率越大，传输距离就越短，这种现象称为趋肤效应[113]，通常用趋肤深度（δ）来表征：

$$\delta = \frac{1}{k''} = \sqrt{\frac{\sigma}{\omega\mu_0\mu_r}} = \sqrt{\frac{\rho}{\pi\mu_0\mu_r f}} \qquad (2\text{-}12)$$

由式(2-12)可知，电阻率较小的吸收剂如磁性金属吸收剂，在微波频段使用时，其趋肤深度会很小从而导致电磁波在 RAM 中的传输距离很短，使得吸收剂的吸波性能下降。因此，对于笔者制备的羰基铁包覆式微纳米核壳吸收剂，抑制趋肤效应影响的主要手段是调控壳层的厚度，使其处于纳米级，延长电磁波在吸收剂中的传输距离。

2.2.2 吸收剂对电磁波的损耗原理

RAM 对电磁波的吸收衰减主要由介电损耗和磁损耗引起。介电损耗主要由电导损耗、弛豫损耗和共振损耗构成[114]。RAM 中存在的一些弱联系导电载流子会做定向漂移，形成传导电流，而后以热能的形式将入射的电磁波消耗掉，称为电导损耗[115]，后两种分别与介质的弛豫极化和共振极化过程相关[116]。共振损耗来源于原子、离子及电子在振动时产生的共振效应，主要出现在 THz 和 PHz 频段[117]。在微波频段，弛豫损耗在金属基吸收剂中起主要作用，偶极子极化（取向极化和界面极化）是产生弛豫损耗的主要原因[118]。

磁损耗主要由磁滞损耗、畴壁共振、自然共振及涡流损耗构成[118,119]。磁滞损耗通常在强磁场作用下才能发生，主要是由于磁化矢量的响应落后于外场而产生[120]。因而，在 RAM 中由磁滞损耗引起的磁损耗可以忽略。畴壁共振损耗主要发生在多畴壁材料中，其与吸收剂的形貌及粒径大小密切相关[120]。当吸收剂的粒径小于趋肤深度时，吸收剂的磁导率、厚度及电导率是影响涡流损耗的主要因素，如式(2-13)所示[120]：

$$\mu''(\mu')^2 f^{-1} \approx \frac{2}{3}\pi\mu_0 d^2\sigma \qquad (2\text{-}13)$$

式中，d 为涂层厚度。由式(2-13)可知，当方程左边的数值不随外加频率发生变化的时候，吸收剂的磁损耗只来自于涡流损耗。因此，根据吸收剂粒径大小及对涡流损耗的分析，就可以判断吸收剂对电磁波产生磁损耗的主要作用机制。

除了上述常规的电损耗和磁损耗之外，新型的纳米级核壳型吸收剂由于其独特的组成结构，还可使核壳之间的量子尺寸效应及表面效应等作用于电磁波的吸收，从而使吸波性能得到进一步的提高。下面对量子尺寸效应和表面效应进行定性分析。

(1) 量子尺寸效应

在量子效应的作用下，纳米粒子的电子能级发生分裂，而分裂的能级间隔恰好处在微波的能量范围，从而为 RAM 吸收电磁波提供了新的通道[110,121]。

(2) 表面效应

假设微米级核粒子被单层纳米级壳层完全随机包覆，则有如下公式[110]：

$$N = \frac{2\pi}{\sqrt{3}}\left(\frac{S}{\zeta}\right)^2 \tag{2-14}$$

$$S = \frac{D}{d} + 1 \tag{2-15}$$

式中，N 为核粒子表面包覆的壳粒子数目；S 为核粒子与壳粒子的粒径比；ζ 为纳米级粒子之间的距离，实际值在 $1\sim2$ 之间；D 为核粒子直径；d 为壳粒子直径。

以 $NiFe_2O_4$ 为核粒子，羰基铁为壳粒子为例计算。假设 $NiFe_2O_4$ 粒子直径为 $2\mu m$，包覆在其表面的羰基铁粒子直径为 $20nm$，取 ζ 的值为 1，则由式（2-14）和式（2-15）可得，$NiFe_2O_4$ 表面的纳米羰基铁粒子数目约为 40 万，由此其界面得到极大增强，产生更多的界面极化和多重散射，必然会极大地提高吸波能力。

2.2.3　RAM 的工作原理

当电磁波入射到 RAM 表面时，RAM 应能使其有效地进入材料内部，从而使目标回波强度显著减弱。为了实现这个目标，RAM 必须具备良好的阻抗匹配特性和衰减特性[122]。阻抗匹配特性是指 RAM 表面与自由空间之间的阻抗在数值上尽量靠近，从而使 RAM 能够尽量多地吸收电磁波；衰减特性则是指最大程度上增强 RAM 对电磁波的衰减能力，从而使 RAM 能够快速将电磁波衰减损耗掉[123]。

本书研究的是涂覆在金属板表面的 RAM。由传输线理论可知[124,125]，电磁波垂直入射到单层 RAM 表面时，其功率反射因数 Γ 为：

$$\Gamma = \left| \frac{Z_{in} - Z_0}{Z_{in} + Z_0} \right|^2 = \left| \frac{\dfrac{Z_{in}}{Z_0} - 1}{\dfrac{Z_{in}}{Z_0} + 1} \right|^2 \qquad (2\text{-}16)$$

式中，Z_{in} 为电磁波由自由空间入射到 RAM 表面的输入阻抗；$Z_0 = (\mu_0/\varepsilon_0)^{1/2} = 120\pi$ 为自由空间阻抗。

$$Z_{in} = Z_c \frac{Z_{in}(0) + Z_c \tanh[\gamma d]}{Z_c + Z_{in}(0) \tanh[\gamma d]} \qquad (2\text{-}17)$$

式中，$Z_{in}(0)$ 为 RAM 和金属板之间界面上的输入阻抗，因而 $Z_{in}(0) = 0$；Z_c 为 RAM 的特性阻抗；γ 为各层的传输常数；d 为 RAM 厚度。

$$Z_c = \sqrt{\mu_0 \mu_r / [\varepsilon_0 \varepsilon_r]} \qquad (2\text{-}18)$$

由式（2-17）可知：

$$Z_{in} = Z_c \tanh[\gamma d] \qquad (2\text{-}19)$$

由式（2-19）可知，改善材料的特性阻抗，使输入阻抗与自由空间阻抗相匹配，可以明显改善涂层的匹配性能。

电磁波进入 RAM 后，RAM 应有足够高的电磁损耗将其最大程度损耗掉。吸波涂层对电磁波的吸收率（α）可以表示为[110]：

$$\alpha = 1 - e^{-2ad} \qquad (2\text{-}20)$$

式中，d 为涂层厚度；a 为 RAM 的衰减常数，可以表示为[110,126]：

$$a = \sqrt{2}\,\pi f \sqrt{(\mu''\varepsilon'' - \mu'\varepsilon') + \sqrt{(\mu''\varepsilon'' - \mu'\varepsilon')^2 + (\varepsilon'\mu'' - \mu'\varepsilon'')^2}} \Big/ c \qquad (2\text{-}21)$$

由式（2-20）可见，要使得 RAM 全部衰减掉入射的电磁波，则 a 和 d 必须足够大。在 RAM 实际使用中，涂层厚度不可能太大，否则其实用价值将大打折扣。而增大 a 必须使介电常数虚部和磁导率虚部增大，这往往会使 RAM 的匹配性能有所下降。因此，从研究的发展趋势来看，在微观层面，制备新型多元复合型吸收剂可以在更大的范围内调整电磁参数，在提高吸收剂衰减能力的同时，保证阻抗匹配性能不至恶化，是提高吸波性能的有效方法；在宏观层面，制备多层 RAM，充分利用各层吸收剂的性能，也可以达到宽频吸收的目的。

2.2.4 多层 RAM 反射率计算

图 2.1 为多层 RAM 结构示意图，其中 $\varepsilon_r(K)$ 和 $\mu_r(K)$ 分别为每一层

的介电常数和磁导率，$d(K)$ 为每一层的厚度（$K=1$，2，$\cdots$，N）。由传输线理论可知[127]，当频率为 f 的均匀平面电磁波垂直入射到 RAM 表面时，多层 RAM 可等效为图 2.1 中右侧所示所示电路。

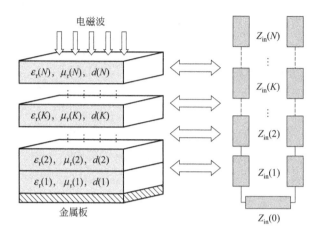

图 2.1　多层 RAM 结构示意图及等效电路图

图中 $Z_{in}(K)$（$K=1$，2，$\cdots$，N）为各层的输入阻抗；$Z_{in}(0)$ 为第一层 RAM 和底层金属板之间界面上的输入阻抗，因而 $Z_{in}(0)=0$。

$Z_{in}(K)$ 可由下式计算：

$$Z_{in}(K)=Z_c(K)\frac{Z_{in}(K-1)+Z_c(K)\tanh[\gamma(K)d(K)]}{Z_c(K)+Z_{in}(K-1)\tanh[\gamma(K)d(K)]} \tag{2-22}$$

式中，$Z_c(K)$ 和 $\gamma(K)$ 分别为各层的特性阻抗和传输常数，可由下式计算：

$$Z_c(K)=\sqrt{\mu_0\mu_r(K)/[\varepsilon_0\varepsilon_r(K)]} \tag{2-23}$$

$$\gamma(K)=j\omega\sqrt{\mu_0\varepsilon_0\mu_r(K)\varepsilon_r(K)} \tag{2-24}$$

式中，ω 为入射电磁波的角频率。

由式(2-22)可知，RAM 与空气分界面的输入阻抗为：

$$Z_{in}(N)=Z_c(N)\frac{Z_{in}(N-1)+Z_c(N)\tanh[\gamma(N)d(N)]}{Z_c(N)+Z_{in}(N-1)\tanh[\gamma(N)d(N)]} \tag{2-25}$$

电磁波由自由空间入射到 RAM 界面上时，一部分进入其内部，其余则在其表面被反射。功率反射因数为：

$$\Gamma=\left|\frac{Z_{in}(N)-Z_0}{Z_{in}(N)+Z_0}\right|^2 \tag{2-26}$$

其反射率为：

$$R=-10\lg|\Gamma|=-20\lg\left|\frac{Z_{in}(N)-Z_0}{Z_{in}(N)+Z_0}\right| \tag{2-27}$$

由此可知，当 RAM 层数为 1 时，其对电磁波的反射率为：

$$R = -20\lg\left|\frac{Z_{in} - Z_0}{Z_{in} + Z_0}\right| \tag{2-28}$$

式中，Z_{in} 为材料的输入阻抗。

$$Z_{in} = Z_0 \left(\frac{\mu_r}{\varepsilon_r}\right)^{\frac{1}{2}} \tanh\left(\frac{j\,2\pi d f \sqrt{\varepsilon_r \mu_r}}{c}\right) \tag{2-29}$$

由式(2-28)和式(2-29)，结合测试得到的电磁参数，即可以模拟优化单层 RAM 在不同厚度下的反射率。

2.3　实验材料和设备

2.3.1　实验材料

本书实验过程中所用到的化学试剂及原料见表 2.1。

表 2.1　实验过程中所用到的化学试剂及原料

名称	分子式	纯度或型号	生产厂家
硝酸镍	$Ni(NO_3)_2 \cdot 6H_2O$	AR	国药集团化学试剂有限公司
硝酸铁	$Fe(NO_3)_3 \cdot 9H_2O$	AR	国药集团化学试剂有限公司
硝酸锌	$Zn(NO_3)_2 \cdot 6H_2O$	AR	国药集团化学试剂有限公司
硝酸锰	$Mn(NO_3)_2 \cdot 6H_2O$	AR	国药集团化学试剂有限公司
硝酸铈	$Ce(NO_3)_3 \cdot 6H_2O$	AR	国药集团化学试剂有限公司
柠檬酸	$C_6H_8O_7 \cdot 6H_2O$	AR	成都市科龙化工试剂厂
氨水	$NH_3 \cdot H_2O$	$25\% \sim 28\%$	西安市雁塔化学试剂厂
硝酸锶	$Sr(NO_3)_2$	AR	国药集团化学试剂有限公司
硝酸钴	$Co(NO_3)_2 \cdot 6H_2O$	AR	国药集团化学试剂有限公司
硝酸镧	$La(NO_3)_3 \cdot 6H_2O$	AR	天津市福晨化学试剂厂
硝酸钕	$Nd(NO_3)_3 \cdot 6H_2O$	AR	国药集团化学试剂有限公司
液态五羰基铁	$Fe(CO)_5$	99%	陕西兴平羰基铁粉厂
羰基铁粉	Fe	DT-5	陕西兴平羰基铁粉厂
氮气	N_2	99.999%	陕西鑫康医用氧有限公司
浓硝酸	HNO_3	AR	西安化学试剂厂
浓硫酸	H_2SO_4	AR	西安化学试剂厂
盐酸	HCl	AR	西安化学试剂厂
氢氧化钠	NaOH	AR	西安三浦精细化工厂
碳纤维	—	T300-1K	南通森友炭纤维有限公司
碳纳米管	—	MWCNT-20	南昌太阳纳米技术有限公司
高效切片石蜡	—	—	上海华灵康复器械厂
环氧树脂	—	E44 型	嘉化集团嘉兴富安化工

名称	分子式	纯度或型号	生产厂家
聚酰胺脂	—	650 型	湖南湘潭市昭潭化工厂
正丁醇	—	AR	天津天力试剂厂
二甲苯	C_8H_{10}	AR	天津天力试剂厂
硅烷偶联剂	—	KH-560	成都晨邦化工厂
铝板	—	定制	第二炮兵工程大学实习工厂

2.3.2 仪器设备

本书实验过程中所用到的仪器设备见表 2.2。

表 2.2 实验过程中所用到的仪器设备

仪器设备名称	规格型号	生产厂家
数显恒温油浴锅	HH-S1	常州国宇仪器制造有限公司
精密增力电动搅拌器	JJ-1	上海浦东物理光学仪器厂
数显真空干燥箱	876A-2	上海浦东荣丰科学仪器有限公司
可调式封闭电炉	MB-1	北京科伟永兴仪器有限公司
真空管式高温烧结炉	GSL1500X	合肥科晶材料技术有限公司
扫描电子显微镜	VEGAIIXMUINCN	捷克 TESCAN 公司
能量散射谱	INCA 7718	英国 OXFORD 公司
能量散射谱	Genesis XM	美国 EDAX 公司
X 射线衍射仪	D/max-2400	日本理学电机公司
振动样品磁强计	CDJ-7400	美国 LakeShore 公司
矢量网络分析仪	HP-8720ES	美国惠普公司
透射电镜	JEM-2100	日本电子
场发射电镜	JSM-6700F	日本电子
高低温试验箱	GDW-010	南京环科试验设备有限公司
氙灯	XQ350-500W	上海电光器件有限公司
臭氧老化试验箱	QL-125	南京环科试验设备有限公司
盐雾腐蚀箱	YWX-150	南京环科试验设备有限公司

2.4 主要分析和表征方法

2.4.1 X 射线衍射

X 射线衍射（XRD）为固体物质结构分析中重要的工具，其基本原理是将具有一定波长的 X 射线照射到结晶性物质上，X 射线因在结晶体内遇到规则排列的原子或离子而发生散射，散射的 X 射线在某些方向上相位得到加强，从而显示与结晶结构相对应的特有的衍射现象。

本书样品测试所用 X 射线衍射设置条件为：Cu 靶，Kα 射线，$\lambda = 0.15418\text{nm}$，靶电压 40kV，靶电流 100mA，步进扫描，步长 $0.02°$，扫描速率 $15°/\text{min}$，扫描范围 $10° \sim 80°$。

2.4.2 扫描电子显微镜

扫描电子显微镜（SEM）是研究材料的形貌、微观组织及成分分析的有力工具。其原理是通过一束高能的入射电子轰击物质表面，被激发的区域将产生二次电子、俄歇电子、特征 X 射线和连续 X 射线及背散射电子等一系列电子和物质的相互作用，利用上述作用可以获取被测样品的形貌、组成及晶体结构等。SEM 可以与其他观察仪器（如波谱仪、能谱仪等）联用，实现对材料的综合分析。

本书中用 SEM 研究粉体及吸波涂层的形貌与微观组织并使用 SEM 附带的能量散射谱（EDS）对样品进行元素分析。在对铁氧体-羰基铁核壳粉体的截面进行研究时，通过将铁氧体-羰基铁核壳粉体与胶混合后进行冷镶、打磨及抛光处理，使核壳粉体的截面显现出来，从而观察壳层的包覆情况。

2.4.3 透射电子显微镜

透射电子显微镜（TEM）是对材料进行微观结构分析和表征的不可或缺的技术，其原理是将一束经过电子光学系统加速和聚焦的电子投射到薄样品上，当电子束透过样品时，会与样品中的原子发生作用而改变入射方向，电子的散射角度大小与样品的密度和厚度，以及材料的晶体结构和原子序数有关，最终形成衬度不同的影像。TEM 照片根据放大倍数不同可以分为高分辨率 TEM（HRTEM）和低倍 TEM（LRTEM）。在成像的同时，可以选用 TEM 中的选区电子衍射对样品进行微区结构分析。

本书中采用 TEM 对碳纳米管及碳纳米管-羰基铁核壳粉体进行微区形貌、结构以及成分分析。

2.4.4 振动样品磁强计

振动样品磁强计（VSM）是测量粉末状材料磁性能的最有效的仪器之一。其主要是利用电磁感应原理，测量在探测线圈中心以固定频率和振幅作微振动样品的磁矩。对于足够小的样品，它在探测线圈中振动所产生的感应电压与样品磁矩、振幅及振动频率成正比。在保证振幅、振动频率不变的基础上，用锁相放大器测量这一电压，即可计算出待测样品的磁矩。

VSM 的测量方法准确、快速、取样少、操作简便，可给出一些重要的磁性参数，如饱和磁化强度和矫顽力等。

2.4.5　核壳粉体中羰基铁质量分数的测定

采用称重法，通过对比反应前后核粒子质量变化，即可以得到复合粉体中羰基铁的质量分数，按式(2-30)计算：

$$w = \frac{m - m_0}{m} \times 100\% \tag{2-30}$$

式中，w 为羰基铁在复合粉体中的质量分数；m 为反应结束后复合粉体的质量；m_0 为反应开始前核粒子的质量。

2.4.6　同轴试样制备及电磁参数测试

本书采用同轴法测试吸收剂的电磁参数。同轴试样表面应光滑平整、内部均匀同性。测试过程中，应保证试样内外表面与同轴夹具紧密无缝配合。同轴试样厚度（d）通常在 2mm 以上，以防止变形保证电磁参数测试精度。同轴样品的理论尺寸如图 2.2 所示。

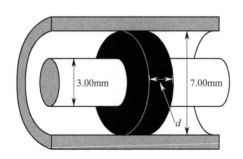

图 2.2　电磁参数测试同轴样品的理论尺寸

本书中镍基铁氧体、锶基铁氧体、羰基铁粉及铁氧体-羰基铁复合吸收剂在同轴样中的质量分数均为 60%，CF、CNTs 及碳材料-羰基铁复合吸收剂在同轴样中的质量分数均为 4%，以固体石蜡（ε'' 和 μ'' 都趋近于零，对实际电磁参数测试的影响不大）作为黏合剂，制备同轴样品进行电磁参数测试。同轴样品的制备过程如图 2.3 所示。将制作好的样品放入 Agilent 同轴测试夹具中，使用校准好的矢量网络分析仪（VNA）对试样进行测试，扫描带宽为 2～18GHz，基于传输/反射法，用 85071E 测试软件解析数据。

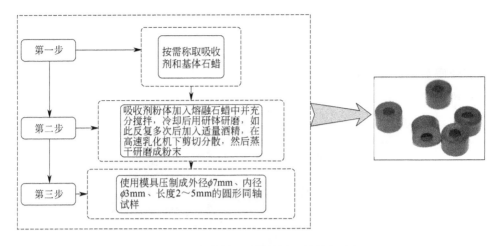

图 2.3　电磁参数测试同轴样品的制备过程

2.4.7　吸波涂层制样及反射率测试

根据 GJB 2038A—2011《雷达吸波材料反射率测试方法》，本书采用 RAM 反射率弓形测量法对涂覆在金属铝板（180mm×180mm×3mm）上的涂层进行吸波性能测试[128]，频率范围为 2～18GHz，将实测得到的反射率与模拟计算值对比，即可以验证涂层制备工艺和优化设计的准确性。吸波涂层制备步骤如图 2.4 所示。

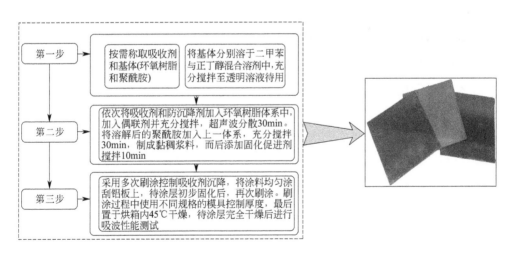

图 2.4　吸波涂层测试样品的制备过程

按式（2-31）计算吸波涂层面密度：

$$\rho = \frac{m - m_0}{S} \qquad (2\text{-}31)$$

式中，ρ 为吸波涂层面密度；m_0 为涂层制备前铝板的质量；m 为涂层制备完成后的质量；S 为铝板面积。

RAM 反射率弓形测试系统如图 2.5 所示。

图 2.5　RAM 反射率弓形测试系统

2.5　小结

本章对吸收剂和吸波材料所用到的电磁波理论和纳米材料的基本理论进行了分析；对后续章节中涉及的实验材料和设备及表征方法进行了阐述。

3

羰基铁包覆式核壳粉体的制备工艺设计

3.1 引言

  金属有机化学气相沉积（MOCVD）在微纳米尺度上可以精准掌握沉积厚度和沉积量，对沉积温度和沉积时间的选择上更具操作性，因而在金属、氧化物及氮化物等薄膜材料的制备中得到了广泛应用[129-131]。流化床-金属有机化学气相沉积（FB-MOCVD）将粉体的流态化和 MOCVD 包覆技术组合在一起，是一种有效制备核壳型复合粉体的方法，具有气/固接触面积大，质/热转换率高，包覆效果均匀等突出优点[132,133]。

  已有少量研究人员采用 FB-MOCVD 工艺制备了羰基铁包覆式核壳粉体，并对工艺参数进行了探索。章娴君等[97] 在喷动流化床中，结合 MOCVD 工艺，以 Fe(CO)$_5$ 为前驱体，研究了不同沉积时间、沉积温度和不同流量对复合粉体珠光性能的影响，发现改变沉积温度和沉积时间，可获得具有不同光泽的珠光颜料。杜蓉等[100] 采用 FB-MOCVD 工艺，通过控制合适的 Fe(CO)$_5$ 加入量和沉积温度，成功制备了微纳米 Al-羰基铁核壳结构复合粉体。Xu C[102] 等以 Fe(CO)$_5$ 为前驱体，采用 FB-MOCVD 工艺，固定载气流速和流化气体流量，研究了沉积温度对 Al$_2$O$_3$-羰基铁核壳型复合粉体形貌及羰基铁在复合粉体中的质量的影响，表明沉积温度对沉积颗粒粒径及沉积速率有着重要影响。

  本章在参考前人实验的基础上，自行构建了 FB-MOCVD 实验装置，确定了核粒子加入量和流化气体流量及液态 Fe(CO)$_5$ 汽化温度及载气流量等工艺参数。基于热力学和晶体成核-长大理论分析，同时考虑下一步规模化制备羰基铁包覆式核壳粉体的便利，提出以主反应区的沉积温度和沉积时间为主要控制条件调控核壳粉体形貌和吸波性能，给出了核粒子中改性铁氧体的制备和碳材料的预处理方法，确立了羰基铁包覆实验步骤。

3.2 Fe(CO)$_5$热解的理论研究

3.2.1 Fe(CO)$_5$热解的热力学分析

MOCVD工艺制备羰基铁包覆式核壳粉体为化学气相分解反应，参考一般化学气相沉积的基本原理[134-136]，可以确定本工艺的主要过程是：在一定的反应条件下，热解 Fe(CO)$_5$ 反应气体，使气体分子被加热、活化，达到化学反应所需要的温度，从而在核粒子表面原位生长羰基铁颗粒，其制备过程可以概括为 5 个主要阶段：①Fe(CO)$_5$ 向基体表面扩散；②Fe(CO)$_5$ 吸附于基体表面；③在基体表面发生气相分解化学反应；④留下的反应物外延生长成羰基铁壳层；⑤在基体表面产生的气相副产物随载气排出反应系统（图 3.1）。

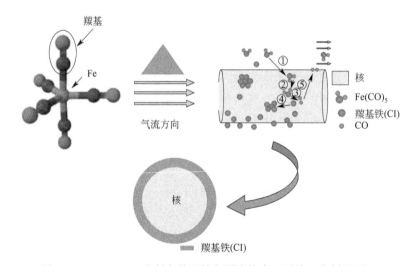

图 3.1 MOCVD工艺制备羰基铁包覆式核壳型磁性吸收剂的原理

热力学分析主要是为了预测 Fe(CO)$_5$ 在一定条件下发生化学反应的方向和限度，即判断反应进行的可行性[137]。根据热力学原理，可以用化学反应的标准摩尔焓变（$\Delta_r H_m^{\ominus}$）和标准摩尔熵变（$\Delta_r S_m^{\ominus}$）来计算标准摩尔吉布斯函数变（$\Delta_r G_m^{\ominus}$），其计算过程如下[137]：

$$\Delta_r G_m^{\ominus} = \Delta_r H_m^{\ominus} - T\Delta_r S_m^{\ominus} \tag{3-1}$$

$$\Delta_r H_m^{\ominus} = \sum \nu_{\text{生}} \Delta_f H_m^{\ominus}(\text{生成物}) - \sum \nu_{\text{反}} \Delta_f H_m^{\ominus}(\text{反应物}) \tag{3-2}$$

$$\Delta_r S_m^{\ominus} = \sum \nu_{\text{生}} \Delta_f S_m^{\ominus}(\text{生成物}) - \sum \nu_{\text{反}} \Delta_f S_m^{\ominus}(\text{反应物}) \tag{3-3}$$

式中，ν 为化学反应方程式中的系数。

本章介绍在惰性气体环境中热解 $Fe(CO)_5$ 制备羰基铁包覆式核壳粉体，此过程中可能发生的化学反应如下：

$$[Fe(CO)_5](g) \xrightarrow{\triangle} Fe(s) + 5CO(g) \tag{1}$$

$$15Fe(s) + 4CO(g) \xrightarrow{\triangle} Fe_3O_4(s) + 4Fe_3C(s) \tag{2}$$

$$3Fe(s) + 2CO(g) \xrightarrow{\triangle} Fe_3C(s) + CO_2(g) \tag{3}$$

$$3Fe(s) + 4CO_2(g) \xrightarrow{\triangle} Fe_3O_4(s) + 4CO(g) \tag{4}$$

$$3Fe(s) + 2CO_2(g) \xrightarrow{\triangle} Fe_3O_4(s) + 2C(s) \tag{5}$$

$$Fe_3C(s) \xrightarrow{\triangle} 3Fe(s) + C(s) \tag{6}$$

$$2CO(g) \xrightarrow{\triangle} C(s) + CO_2(g) \tag{7}$$

反应（1）～反应（7）中各物质常温下的标准热力学数据如表 3.1 所示。

表 3.1　$Fe(CO)_5$ 热解过程中各物质的 $\Delta_f H_m^{\ominus}$ 及 $\Delta_f S_m^{\ominus}$[138]

物　　质	$\Delta_f H_m^{\ominus}/\text{kJ} \cdot \text{mol}^{-1}$	$\Delta_f S_m^{\ominus}/\text{J} \cdot \text{mol}^{-1} \cdot \text{K}^{-1}$
Fe(s)	0	27.3
$Fe(CO)_5$(g)	−747.3	197.8
Fe_3O_4(s)	−1118.4	146.4
Fe_3C(s)	22.572	101.3
C(s,石墨)	0	5.7
CO(g)	−110.5	197.7
CO_2(g)	−393.5	213.8

由式(3-1)～式(3-3)结合表 3.1 中各物质的相关数据即可以计算出反应（1）～反应（7）的 $\Delta_r H_m^{\ominus}$、$\Delta_r S_m^{\ominus}$ 及 $\Delta G\text{-}T$ 函数，如表 3.2 所示。

化学反应	$\Delta_r H_m^{\ominus}/\text{kJ} \cdot \text{mol}^{-1}$	$\Delta_r S_m^{\ominus}/\text{kJ} \cdot \text{mol}^{-1} \cdot \text{K}^{-1}$	$\Delta G\text{-}T$
(1)	194.8	0.818	$\Delta G = 194.8 - 0.818T$
(2)	-586.236	-0.755	$\Delta G = -586.236 + 0.755T$
(3)	-149.93	-0.187	$\Delta G = -149.93 + 0.187T$
(4)	13.6	0.1	$\Delta G = 13.6 - 0.1T$
(5)	-331.4	-0.3517	$\Delta G = -331.4 + 0.3517T$
(6)	-22.572	-0.0137	$\Delta G = -22.572 + 0.0137T$
(7)	-172.5	-0.1759	$\Delta G = -172.5 + 0.1759T$

由反应(1)的 $\Delta G\text{-}T$ 函数可见，$Fe(CO)_5$ 的分解是一个吸热反应，随着温度的升高，有助于反应（1）中分子活化能的提高，从而使 $Fe(CO)_5$ 的热分解加快；由反应(2)、(3) 和 (6) 的 $\Delta G\text{-}T$ 可知，适当提高温度可以有效抑制 Fe_3C 的产生，而且随着温度的升高，Fe_3C 的分解反应进行的可能性加大；由反应(4) 和 (5) 的 $\Delta G\text{-}T$ 可知，升高温度能够抑制反应中 C 的生成；由反应 (7) 的 $\Delta G\text{-}T$ 可知，CO 分解反应同样是一个放热反应，随着温度升高其分解可能性逐渐降低。综上可知，在适当的温度下 $Fe(CO)_5$ 分解可以自发进行，适当地控制温度可以有效地抑制 C 和 Fe_3C 等杂质的生成，有助于得到纯羰基铁壳层。

3.2.2 沉积温度对羰基铁壳层形貌的影响

$Fe(CO)_5$ 气相分解沉积羰基铁壳层的过程中包含了新相的形成，必然会引起反应体系自由能的变化[139,140]。本节借助晶体成核-长大理论，结合热力学分析，主要研究沉积温度与临界核心半径（r_c）、临界成核自由能（ΔG^*）以及成核速率（I）的关系，从理论上展现沉积温度对羰基铁壳层微观形貌的影响。

假设沉积的羰基铁壳层晶粒的核心为球形，则从过饱和气相中凝结出一个球形的固相核心时体系自由能变化为 $\frac{4}{3}\pi r^3 \Delta G_v$[140]，其中 ΔG_v 是单位体积的固相在凝结过程中的相变自由能之差，可由公式(3-4)计算得到：

$$\Delta G_v = -\frac{kT}{\Omega}\ln(1+S) \tag{3-4}$$

式中，$S = \dfrac{p_v - p_s}{p_s}$ 是气相的过饱和度，p_v、p_s 分别表示气相实际压力和固相平衡蒸气压。固相间的界面能为 $4\pi r^2 \gamma$，则系统的自由能变化为：

$$\Delta G = \frac{4}{3}\pi r^2 \Delta G_v + 4\pi r^2 \gamma \tag{3-5}$$

式中，γ 为单位面积的界面能。将上式两边对晶核半径 r 求导，得到：

$$r_c = -2\frac{\gamma}{\Delta G_v} \tag{3-6}$$

当 $r < r_c$ 时，形成的新相核心将处于不稳定状态，可能再次消失；当 $r > r_c$ 时，新相核心将处于可以继续稳定生长的状态，生成过程将使自由能下降；当 $r = r_c$ 时，ΔG^* 为：

$$\Delta G^* = \frac{16\pi r^3}{3\Delta G_v^2} \tag{3-7}$$

随温度的改变，相变自由能之差 ΔG_v 和新相界面能 γ 的变化是 r_c 发生变化的主要因素。由于壳层核心的成长要有一定的过冷度，即温度一定要低于涂层核心与其气相保持平衡时的温度 T_g，令 $\Delta T = T_g - T$ 为涂层沉积时的过冷度，则温度与 S 有如下关系式：

$$\ln S = \frac{\Delta H_{T_g}}{R}\left(\frac{1}{T} - \frac{1}{T_g}\right) = \frac{\Delta H_{T_g}\Delta T}{RTT_g} \tag{3-8}$$

式中，ΔH_{T_g} 为在气相平衡温度的蒸发热。在平衡温度 T_g 附近，$T \approx T_g$，则式（3-8）可变为：

$$S = \exp\left(\frac{\Delta H_{T_g}\Delta T}{RT_g^2}\right) \tag{3-9}$$

将式（3-9）代入式（3-4），可得：

$$\Delta G_v = -\frac{kT}{\Omega}\ln\left[1 + \exp\left(\frac{\Delta H_{T_g}\Delta T}{RT_g^2}\right)\right] \tag{3-10}$$

临界晶核的形成速率表达式为[141]：

$$I = z\exp\left(-\frac{\Delta G^*}{kT}\right) \tag{3-11}$$

式中，z 为常数。由式（3-6）和式（3-10）可知，随着沉积温度上升，$|\Delta G_v|$ 的值将降低，使得新相 r_c 增加。由式（3-11）可知，随着沉积温度升高，I 呈现出降低的趋势。因此，在 MOCVD 制备羰基铁包覆式核壳粉体的过程中，沉积温度过高，羰基铁晶粒长大迅速，呈球状或瘤状，进而形成粗大的岛状组织，使得沉积的羰基铁壳层表面形貌结构变差。低温沉积有利于形成晶粒细小而连续的羰基铁壳层，这主要是由于此时相变过冷度大，r_c 和 ΔG^* 下降，

临界成核速率加快，形成的核心数目增加，所以沉积的羰基铁壳层会相对光滑平整。但是，沉积温度不能太低，否则活化分子太少导致反应速率太慢，临界核心半径太小导致晶粒长大的速度很慢，短时间内羰基铁颗粒之间无法完成成核、长大、成膜的过程，所以将无法形成连续的羰基铁壳层。

3.2.3　沉积时间对 Fe(CO)₅ 加入量的影响

Fe(CO)₅ 在常温下是以液态的形式存在的，具有较高的饱和蒸气压，表 3.3 所示为 Fe(CO)₅ 在不同温度下的饱和蒸气压。

表 3.3　Fe(CO)₅ 在不同温度下的饱和蒸气压[142-143]

温度/℃	18	30.3	50	80
蒸气压/kPa	3.724	5.333	14.5	46

在一定温度下，使用载气在 Fe(CO)₅ 液体内部鼓泡，即可携带饱和蒸气进入反应系统。单位时间内进入反应系统的蒸气量（n）与饱和蒸气压、载气流速及温度的关系可由式(3-12) 表示：

$$n = \frac{p_T F}{RT}(\text{mol/min}) \tag{3-12}$$

式中，p_T 为液体的饱和蒸气压；F 为载气流速；T 为热力学温度；R 为气体常数。图 3.2 所示为 80℃下，载气流速为 30mL/min 时，Fe(CO)₅ 的加入量与沉积时间之间的关系。由图 3.2 可知，在一定温度、载气流速和系统压力下，控制沉积时间即可以调控 Fe(CO)₅ 的加入量，有序控制沉积在核粒子表面羰基铁的量即可实现核壳粉体形貌的调控。

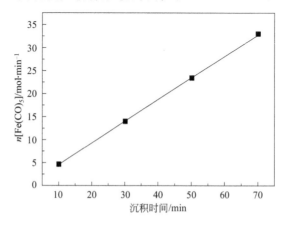

图 3.2　沉积时间对 Fe(CO)₅ 加入量的影响

3.3 流化床-金属有机化学气相沉积实验设计

3.3.1 装置设计思路

① $Fe(CO)_5$ 由载气送入主反应器之前必须汽化，与核颗粒作逆向运动，以增加接触时间。采取措施，防止 $Fe(CO)_5$ 蒸气在进入反应器以前的输送过程中冷凝，变为液体而终止或减缓气相沉积过程。

② 反应器内温度可调，气氛可控。在一定条件下，羰基铁薄膜包覆效果的好坏取决于 $Fe(CO)_5$ 在该温度下的分解率，分解率越高，羰基铁收率也越高。因此，反应器内温度必须超过 $Fe(CO)_5$ 大量热分解的最低温度且能够精确调控。此外，通过引入惰性气体，控制反应器内气氛，得到纯羰基铁薄膜。

③ 反应器内沉积时间可控。反应结束后降温过程中会有部分 $Fe(CO)_5$ 蒸气继续进入反应器。因此，应该采取措施避免预设时间外的反应。

④ 反应气体与颗粒有良好接触，保证核颗粒能够实现流态化。反应结束后的尾气由 $Fe(CO)_5$ 热分解的气体产物、尚未分解的 $Fe(CO)_5$ 蒸气和不参与反应的载气组成。反应废气应能及时排出，但是核粒子不被气体带出反应器。

⑤ 整套反应装置密封性好。$Fe(CO)_5$ 为有毒物质，它溅到皮肤上会诱发接触性皮炎；$Fe(CO)_5$ 蒸气被人体吸入后，会损害呼吸道，严重时可致人死亡；其分解后产生的 CO 危害更大，少量即会对人体造成极大的伤害。因此装置必须具有非常好的密封性能，以防止 $Fe(CO)_5$ 及其分解产物发生泄漏。

3.3.2 装置系统组成

根据装置设计思路，结合相关文献报道实验装置的设计经验，将本实验装置分为 MO 源供应系统、流化反应系统和尾气处理系统 3 部分。整套装置原理如图 3.3 所示。表 3.4 所示是 FB-MOCVD 反应装置主要设备参数。

(1) MO 源供应系统

MO 源供应系统以液态 $Fe(CO)_5$ 为 MO 源，由载气供应装置、蒸发反应釜、数显恒温油浴锅、喷嘴以及相关配件（高压氮气瓶、减压阀、输气管路、流量计及开关阀等）组成。图 3.4 是蒸发反应釜的三维示意图。

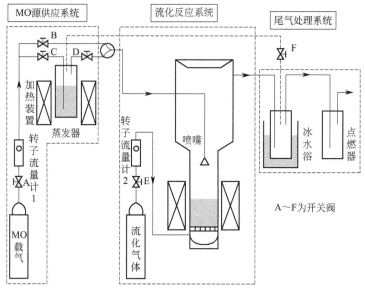

图 3.3　FB-MOCVD 装置原理图

表 3.4　MOCVD 反应装置主要设备参数

设备名称	型号	主要参数	数量	生产厂家
氮气钢瓶	YQD-09	—	2	西安氮气瓶销售公司
减压阀	YQD-6	—	2	上海减压器厂
气体流量计	LZB-B	60～240L/h	1	余姚市远大仪表厂
		0～6L/h	1	
蒸发反应釜	定制	有效容积 50mL,安装高低液位计	1	第二炮兵工程大学实习工厂
喷嘴	定制	—	1	第二炮兵工程大学实习工厂
流化床反应器	定制	反应区：长 50cm、内径 40mm、外径 42mm；扩展区：长 40cm、内径 80mm、外径 82mm	1	第二炮兵工程大学实习工厂
气体分布板	定制	外径 42mm、厚度 3mm、孔径尺寸 500 目	1	新乡市利尔过滤技术有限公司
PT100 铂热电阻	WZP-231	工作温度 −200～550℃	1	天津市捷达温控仪表厂
云母加热器	SUTE0179	工作温度 −20～600℃	1	上海苏特电气有限公司
控制箱	定制	工作电压 220V,PID 自动控温,超调 <1℃	1	第二炮兵工程大学实习工厂

Ar、N_2 及还原性气体如 H_2 和 CO 是 MOCVD 中的常用载气。实际操作中，H_2 和 CO 容易发生爆炸或中毒等危险，Ar 的成本较高。因此，本

实验选用 N_2 作为 $Fe(CO)_5$ 载气。减压阀用于控制输出 N_2 压力，流量计用于控制 N_2 流量的大小，输气管路外用保温棉缠绕以防止 $Fe(CO)_5$ 蒸气在输送过程中冷凝。蒸发反应釜作为 $Fe(CO)_5$ 的承载体，由釜体、釜盖、液位指示、进/出气管和开关阀等部件组成。釜体和釜盖通过螺柱连接，拧紧时采用力矩扳手均匀对称用力。密封形式为釜盖上的球面与釜体上的锥面接触形成的线密封。进气管出口设置在蒸发反应釜底部，出气管出口设置在蒸发反应釜顶部。通入 N_2 将 $Fe(CO)_5$ 蒸气带入流化床反应器顶部喷嘴。喷嘴将 $Fe(CO)_5$ 蒸气喷入反应器，与被包覆的核粒子作逆向运动以增加接触时间，在高温作用下 $Fe(CO)_5$ 发生分解，完成对核粒子表面羰基铁的包覆。

此外，由于在实验结束的降温过程中，$Fe(CO)_5$ 仍然会蒸发，由此必然会造成预设时间外的反应。因此，为了有效控制沉积时间，在蒸发反应釜顶部设置另外一条直通冷凝器的管路，在实验结束后，将继续蒸发的 $Fe(CO)_5$ 蒸气通入冷凝器中冷凝回流，既可以控制预设时间外的反应，又可以避免原料浪费，同时防止 $Fe(CO)_5$ 继续蒸发导致蒸发器内压力升高可能引起的 $Fe(CO)_5$ 蒸气泄漏。

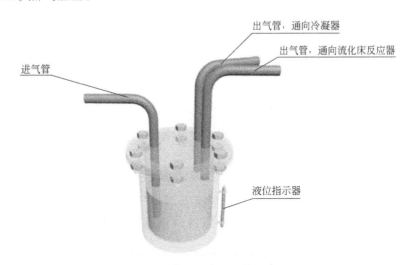

图 3.4　蒸发反应釜三维示意图

（2）流化反应系统

流化反应系统是本实验装置的核心部分，是完成铁氧体-羰基铁、碳材料-羰基铁核壳结构微纳米复合粉体的主反应区，由流化床反应器、温度控制装置和供气装置组成。图 3.5 是流化反应装置的三维示意图。实验在常压下进行，流化介质为N_2，其表观流速通过转子流量计来调节和控制。

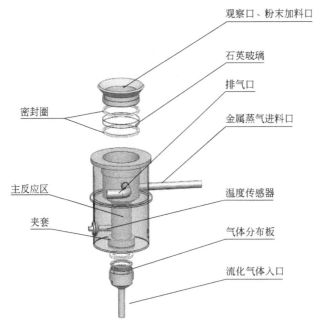

观察口、粉末加料口

石英玻璃

排气口

金属蒸气进料口

密封圈

主反应区

夹套

温度传感器

气体分布板

流化气体入口

图 3.5　流化反应装置三维示意图

　　流化床反应器由观察口、石英玻璃、聚四氟密封圈、温度传感器、气体分布板、反应罐、夹套组成。流化床反应器外部附着加热片作为加热装置，加热片外包裹保温层，防止热量的散失。主反应区内接入铂热电阻实时测量流化床反应器内温度。本系统以 220V 交流市电为电源，由云母加热器、热电偶及控制箱连接形成完整的加热控温系统。主反应区外径大小对核粒子的流化状态有着重要影响，外径太大则需要更大的流化气体流量和更多的 $Fe(CO)_5$ 加入量。实际研究中表明，将主反应区外径设置为 $4 \sim 5cm$ 能够经济高效地完成包覆过程[102,133]，同时将流化床反应器的扩展区外径设置为主反应区的两倍，从而有效地降低核粒子发生扬析的可能。

　　单片机控制器、可控硅输出部分、热电偶传感器、温度变送器及控制对象为温度控制箱的主要组成部分，其硬件结构如图 3.6 所示。采用单片机，利用 PID 算法调控温度，从而实现对流化床反应器的加热温度调节和保持。用铂热电阻进行温度检测，再经模数转换芯片进行转换，变为数字量后送入单片机进行分析处理。同时，设定异常报警值，当系统加热温度或温度变化范围过大时，自动发出报警信号。

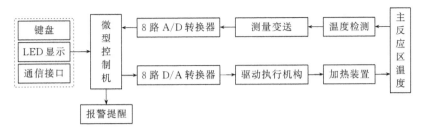

图 3.6　温度控制箱装置硬件结构框图

(3) 尾气处理系统

尾气处理系统主要由冷凝器和尾气燃烧器构成。实验过程中会有部分未完全参与反应的 $Fe(CO)_5$ 蒸气随着气体排出流化床反应器，用冷凝器将其冷却回流，既可以避免将有毒气体排出大气，又可以增加反应物的利用率。此外，$Fe(CO)_5$ 分解会产生有毒气体 CO，不能将其直接排入大气，故应对其进行处理[144]。用尾气燃烧器可以将 CO 氧化成 CO_2，就能直接排入大气。

3.3.3　实验参数确定

核粒子的加入量、载气流量及流化气体流量等实验参数与核粒子的流化状态密切相关，$Fe(CO)_5$ 的汽化温度对实验进程快慢及进入反应系统的 $Fe(CO)_5$ 的量有着重要影响，上述参数的设定是在流化床反应器中热解 $Fe(CO)_5$ 进行包覆的必要前提[101]。由 3.2 节中 $Fe(CO)_5$ 热解的理论分析可知，沉积温度和沉积时间对包覆效果有着十分重要的影响，进而直接关系到制备的核壳粉体吸波性能的好坏。因此，在借鉴前人研究的基础上，确定了核粒子加入量、载气和流化气体流量及 $Fe(CO)_5$ 汽化温度等实验参数。基于热力学和晶体成核-长大理论分析，同时考虑下一步规模化制备羰基铁包覆式核壳粉体的便利，重点通过调节主反应区的沉积温度和沉积时间调控核壳结构复合粉体形貌，进而调控吸波性能。下面结合文献以及本实验在制备过程中产生的现象，来具体说明上述实验参数的确定。

(1) 核粒子加入量的确定

为了更好地实现颗粒的流态化，Krishnaiah K 等对核粒子在流化床反应器中的加入量与流化床直径之间的关系进行了深入研究，发现核粒子在流化床中的加入量静止床层高与流化床直径比满足 $h/d=1\sim2$ 时（式中，h 为静止床层高度，d 为流化床直径，如图 3.7 所示），核粒子的流化状态良好[145]。核粒子加入量过多，不利于羰基铁对基体的均匀包覆；但当核粒子加入量过少时，在流化时易出现剧烈的沸腾甚至扬析，此时进入反应器的 $Fe(CO)_5$ 气体无法与受热基体充分接触，从而不利于包覆的进行。对于本实验而言，核粒子的加入量满足 $h/d = 1 \sim 2$ 时，FB-MOCVD 工艺即可顺利进行，制备的核壳型复合粉体形貌良好，壳层厚度均匀。

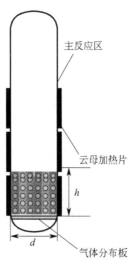

主反应区

云母加热片

h

d

气体分布板

图 3.7　核粒子加入量示意图

（2）$Fe(CO)_5$ 载气与流化气体流量

载气流量的大小直接影响进入反应器中 $Fe(CO)_5$ 气体的浓度大小，改变 $Fe(CO)_5$ 的蒸气浓度是调控晶粒大小的手段之一[146]。研究表明，羰基铁在吉赫兹（GHz）频段电磁波作用下的趋肤深度在微米数量级[147]。笔者课题组在前期研究中发现，将 $Fe(CO)_5$ 载气流量控制在 30mL/min 时，$Fe(CO)_5$ 热解得到的羰基铁大小均匀、粒径在 $1\mu m$ 以下，具有良好的微观形貌[88,148]；在一定沉积温度和沉积时间下，调节载气流量在 $30 \sim 90mL/min$ 变化时，对粉体的吸波性能影响较小[148]。因此，本着对 N_2 最小消耗的原则，本实验的载气流量确定为 30mL/min。

核粒子的流化状态与流化气体流量密切相关。流量太小，核粒子不流化或者流化效果不好；流量太大，又会使得核粒子发生"扬析"现象。在外径为 5cm 左右的流化床中，采用 FB-MOCVD 工艺对微纳米级的核粒子进行包覆时，流化气体流量一般在 $1600 \sim 3100mL/min$[102,132,133]。应该指出的是，不同的核粒子种类、粒径大小及实验装置都会对核粒子的流化状态产生影响。对本实验而言，在参考文献值的基础上，经过多次试验摸索，确定核粒子为铁氧体时流化气体流量为 3600mL/min 左右，碳材料时流化气体流量为 1500mL/min 左右。在实际的操作过程中，温度会对流化状态产生一定的影响。因此，随着加热温度的变化，对流化气体流量在最佳值附近进行实时微调，使得其流化状态良好，并且在整个制备过程中不出现"扬析"现象。

铁氧体和碳材料是粒径在微纳米级的粉体，比表面积较大，因而能够有效吸附 $Fe(CO)_5$ 气体。在流化充分时，核粒子附近各处温度、浓度基本一致，从而使被吸附的 $Fe(CO)_5$ 气体在其表面分解、成核、长大、成膜，实现羰基铁对铁氧体和碳材料的均匀包覆。

(3) $Fe(CO)_5$ 的汽化温度

$Fe(CO)_5$ 在常温常压下为淡黄色液体，其蒸气压随温度的升高而增大，60℃ 左右就会大量挥发，120℃ 以上就会大量分解[102,144]。$Fe(CO)_5$ 的蒸发温度太高时，会使部分 $Fe(CO)_5$ 在未进入反应器之前发生分解，造成了原料的浪费；当蒸发温度太低时，$Fe(CO)_5$ 的蒸发速率慢，又会延缓整个实验进程。因此，本实验 $Fe(CO)_5$ 的汽化温度控制在 80℃。

(4) 沉积温度

$Fe(CO)_5$ 的 TGA 测试表明，其在 140～300℃ 发生普遍分解[149]。对于热解 $Fe(CO)_5$ 气相沉积羰基铁薄膜而言，文献中报道的温度一般为 190～500℃。由 3.2.1 节中热力学分析可知，适当提高沉积温度有助于获得纯度较高的羰基铁膜层。由沉积温度对羰基铁壳层形貌影响的理论分析可知，适度的低温沉积有助于获得连续致密的羰基铁膜层。因此，在本实验条件下，核粒子表面沉积羰基铁的温度设定为 160～270℃。在此基础上，固定沉积时间为 30min，通过改变沉积温度，调控核壳结构复合粉体的形貌和吸波性能，最终筛选确定各核粒子最佳的沉积温度。

(5) 沉积时间

相关研究表明，反应体系内 $Fe(CO)_5$ 的加入量是影响包覆层厚度和包覆形貌的重要因素[94]。在载气流量和汽化温度一定的情况下，调节沉积时间即可以控制 $Fe(CO)_5$ 的加入量，从而控制羰基铁在复合粉体中的含量，进而影响和调节复合粉体的电磁参数。本实验中，在核粒子各自最佳沉积温度的基础上，沉积时间控制在 10～70min，通过改变沉积时间调控核壳结构复合粉体的形貌和吸波性能，最终得到性能优良、形貌良好的羰基铁包覆式微纳米核壳结构复合吸收剂。

3.3.4　核粒子的制备及预处理

（1）镍基铁氧体的制备

按 $Ni_{0.5-x}Zn_{0.3-x}Mn_{0.2+2x}Fe_2O_4$（$x=0.0$，0.1，0.2，0.25）化学式中化学计量比称取硝酸镍、硝酸锌、硝酸锰和硝酸铁，按柠檬酸（CA）与金属离子物质的量之比 $n(CA):n(Fe^{3+}+Mn^{2+}+Zn^{2+}):n(Ni^{2+})=4:2:1$ 称取 CA，置于烧杯内待用。按照图3.8所示流程即可以完成 Ni-Zn-Mn 铁氧体的制备。

在具有最优 Mn-Zn 取代量的 $Ni_{0.4}Zn_{0.2}Mn_{0.4}Fe_2O_4$ 样品的基础上，按 $Ni_{0.4}Zn_{0.2}Mn_{0.4}Ce_xFe_{2-x}O_4$（$x=0.02$，0.04，0.06，0.08）的化学计量比，称取硝酸镍、硝酸锌、硝酸锰、硝酸铈、硝酸铁于烧杯内，加入去离子水配成溶液。按柠檬酸与金属离子物质的量之比 $n(CA):n(Fe^{3+}+Mn^{2+}+Zn^{2+}+Ce^{3+}):n(Ni^{2+})=4:2:1$ 向溶液中加入 CA，之后的制备过程如图3.8所示。

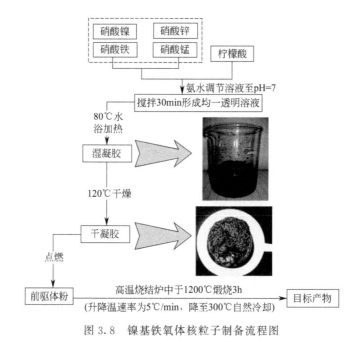

图 3.8　镍基铁氧体核粒子制备流程图

（2）锶基铁氧体的制备

按 $SrCo_xFe_{12-x}O_{19}$（$x=0$，0.05，0.10，015，0.20，0.25）化学式中化学计量比称取硝酸锶、硝酸钴、硝酸铁，称取与金属离子相同质量的 CA，置于烧杯内待用。按照图 3.9 所示流程即可以完成 $SrCo_xFe_{12-x}O_{19}$ 铁氧体的制备。

在具有最优 Co^{2+} 取代量的 $SrFe_{11.8}Co_{0.2}O_{19}$ 样品的基础上，对其进行稀土 La^{3+} 和 Nd^{3+} 掺杂，以期进一步改善结构性能，获得具有最佳吸波效果的核粒子。按 $Sr_{0.8}Re_{0.2}Fe_{11.8}Co_{0.2}O_{19}$（Re＝La、Nd）的化学计量比，称取硝酸锶、硝酸钴、硝酸铁、硝酸镧、硝酸钕加入烧杯内，加入去离子水充分搅拌溶解为溶液，然后向溶液中加入与金属离子相同质量的 CA，之后的制备过程如图 3.9 所示。

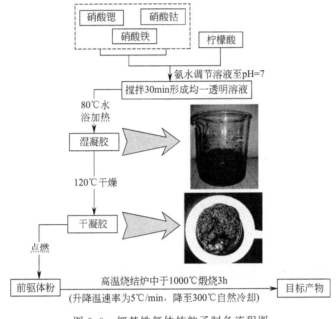

图 3.9　锶基铁氧体核粒子制备流程图

(3) CF 的预处理

原始 CF 表面为乱层石墨结构，表面活性低，而且表面存在大量工业用胶膜等物质，只有经过一定的表面预处理过程才能改善其表面形态，获得沉积膜层较好的复合 CF。本实验首先对连续 CF 进行去胶除油，然后进行混酸氧化，最后中和水洗。预处理完毕后将 CF 剪切成 2～3mm 的短切 CF 待用。具体处理流程如图 3.10 所示。

图 3.11(a) 和 3.11(b) 所示分别为 CF 预处理前后的 SEM 照片。由图 3.11 可见，经过预处理后 CF 表面的胶膜等物质得到了有效的去除，表面有少量的凹槽，粗糙度增大，有利于增大与膜层的界面结合力，没有出现断

裂或开叉等机械损伤。图 3.11（b）中插入图为预处理后 CF 的 XRD 分析图谱。由谱线显示 2θ 在 20°～30°有一个"馒头峰"，为 C（002）晶面的衍射峰，没有其他杂质峰出现，说明预处理效果良好。

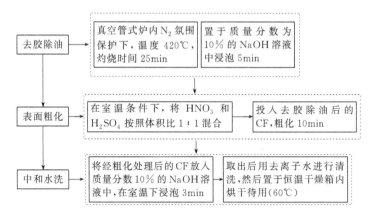

图 3.10　CF 预处理流程图

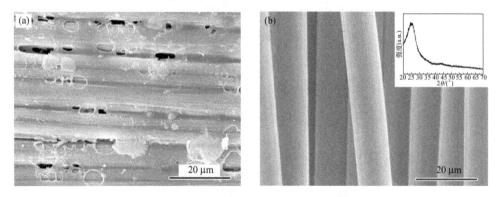

图 3.11　CF 预处理前（a）后（b）的 SEM 照片

（4）CNTs 的预处理

因工艺不同，在制备 CNTs 过程中会引入不同的金属或金属化合物作为催化剂。因此，为了排除上述金属或金属化合物对本研究结果的影响，需要对 CNTs 进行预处理提纯[150]。利用 CNTs 与各杂质之间存在一定的物理、化学等性质的差异，应用物理或化学方法达到提纯的目的。本实验利用氧化剂对含杂质的 CNTs 进行氧化处理，由于氧化剂对两者的氧化速率不一致，可实现 CNTs 的纯化。CNTs 的纯化工艺主要分两步进行：一是以稀盐酸浸泡对其进行预处理；二是以浓硝酸对其进行氧化处理，具体步骤如图 3.12 所示。

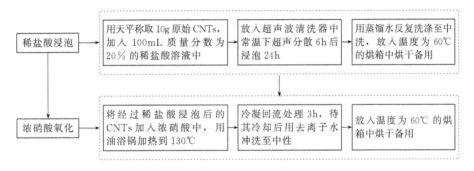

图 3.12　CNTs 预处理流程图

图 3.13(a) 和 3.13(b) 所示分别为 CNTs 预处理后的 FESEM 和 TEM 照片。由图可见，经过预处理后 CNTs 纯度较高，基本无颗粒状的无定形碳，呈缠绕状。图 3.13(c) 所示为 CNTs 的 XRD 分析图谱。由谱线显示 2θ 在 $20°\sim30°$ 有一个"馒头峰"，为 C（002）晶面的衍射峰，没有其他杂质峰出现。图 3.13(d) 所示为图 3.13(a) 中 A 处 EDS 面扫描元素分析，结合 XRD 谱，可以确认杂质得到了有效的去除，说明预处理效果良好。

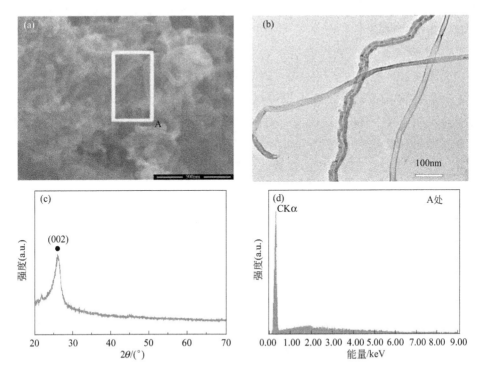

图 3.13　CNTs 预处理后的 FESEM（a）和 TEM（b）图、XRD（c）及 EDS（d）谱图

3.3.5 羰基铁包覆实验步骤确定

整套实验装置按照图 3.3 所示安装在通风橱内，羰基铁包覆实验的主要步骤如下：

① 在流化床反应器中加入适量核粒子。打开氮气瓶气阀（载气瓶），打开阀 A 和 B，确保阀 C、D、E 和 F 处于关闭状态，用转子流量计 1 调节氮气的流量，并检查装置气密性。在确定装置气密性完好的前提下，继续充氮气 30min，以排出反应器中的空气。

② 对蒸发器和流化床反应器进行加热；待蒸发器温度达到 80℃，流化床温度达到预设的温度时，将适量体积的 $Fe(CO)_5$ 注入蒸发器中，同时关闭阀 B，打开氮气瓶气阀（流化气瓶），打开阀 C、D 和 E，用转子流量计 1 调节载气流量为 30mL/min，用转子流量计 2 调节流化气体流量（核粒子为铁氧体时流量为 3600mL/min；核粒子为碳材料时流量为 1500mL/min），通过控制沉积温度和沉积时间达到调控复合粉体形貌和吸波性能的目的。实验过程中，在不同的沉积温度下，要对流化气体流量在最佳值附近进行微调，以防止温度升高导致核粒子"扬析"。在制备过程中要时刻观察气路是否通畅，如发现堵塞应立即停止实验。

③ 达到预设的沉积时间后，对蒸发器和流化床停止加热，继续通入氮气，关闭阀 D，打开阀 F（由于在降温过程中，$Fe(CO)_5$ 仍然会蒸发。因此，为了有效控制沉积时间，阻止预设时间外的反应，关闭阀 D，打开阀 F，将继续蒸发的 $Fe(CO)_5$ 蒸气通入冷凝器中冷凝回流），保持其他实验条件不变，直到蒸发器和流化床的温度冷却至室温后，停止通入氮气，关闭阀 A、C、E 和 F，打开反应器，收集反应产物，将其研磨后密封保存。

3.4 小结

本章首先对 $Fe(CO)_5$ 的热解过程进行了理论分析，基于热力学和晶体成核-长大理论分析了沉积温度对羰基铁壳层生长形貌的影响以及沉积时间对 $Fe(CO)_5$ 加入量的影响，在此基础上自行构建了 FB-MOCVD 实验装置，确定了核粒子加入量、载气和流化气体流量及 $Fe(CO)_5$ 汽化温度等工艺参数，设计了沉积温度和沉积时间两种主要工艺参数的变化范围，给出了核粒子中复合铁氧体的制备和碳材料的预处理方法，确立了羰基铁包覆实验步骤，为制备羰基铁包覆式核壳吸收剂奠定了实验基础，主要结论如下：

① Fe(CO)$_5$ 热解的理论研究表明：在一定温度下，Fe(CO)$_5$ 热解可以自发进行，控制合适的温度能够有效抑制 Fe(CO)$_5$ 热解过程中 C 和 Fe$_3$C 产生；常压下，在载气流速和温度确定时，Fe(CO)$_5$ 的加入量主要受到沉积时间的控制，因而通过控制时间即可调控羰基铁在复合粉体中的质量分数。

② 从理论上对 Fe(CO)$_5$ 热解过程中沉积温度与临界核心半径（r_c）、临界成核自由能（ΔG^*）以及成核速率（I）的关系进行了研究。结果表明：适度的低温沉积有利于形成晶粒细小且连续的羰基铁壳层，这主要是由于此时相变过冷度大，临界核心半径和成核自由能下降，形成的核心数目增加所致。沉积温度过高会使得沉积的羰基铁壳层表面形貌结构变差；沉积温度太低则会导致核粒子表面无法形成连续的羰基铁壳层。

③ 构建了 FB-MOCVD 实验装置，在参考相关文献报道并结合实验的基础上，确定了核粒子加入量满足静止床层高径比 $h/d = 1 \sim 2$，Fe(CO)$_5$ 汽化温度为 80℃，Fe(CO)$_5$ 载气流量为 30mL/min，流化气体流量分别为 3600mL/min 左右（铁氧体）和 1500mL/min 左右（碳材料）；给出了溶胶-凝胶法制备复合铁氧体的工艺流程和碳材料的预处理流程；提出了通过调节沉积温度和沉积时间调控核壳结构形貌和吸波性能；最终确定了制备羰基铁包覆式核壳粉体工艺的步骤，为制备优良的核壳结构复合吸收剂奠定了基础。

4

铁氧体核粒子的形貌结构
及性能表征

4.1 引言

镍铁氧体（$NiFe_2O_4$）作为一种典型的软磁材料，因其具有较好的铁磁性和电化学稳定性、较低的导电性而被广泛应用于吸波材料领域[151]。然而，单纯的 $NiFe_2O_4$ 吸波频带较窄，匹配厚度通常在 6mm 左右，吸波性能有待改善[152]。近年来，研究人员主要通过制备多元复合型镍基铁氧体，以达到进一步改善 $NiFe_2O_4$ 吸波性能的目的。以 $NiFe_2O_4$ 为基体，通过 Zn^{2+}、Co^{2+}、Mn^{2+}、Cu^{2+} 等不同二价金属离子的取代，调控材料的电磁参数以增加损耗，是提高 $NiFe_2O_4$ 吸波性能的主要方法[153-155]。稀土离子具有很高的磁晶各向异性和更强的自旋-轨道作用，有助于调控铁氧体的电磁参数和调整吸波频段[156]。一些科研人员证实稀土 Ce 掺杂镍基铁氧体能够获得吸波性能较为优良的吸收剂[157-160]，但是关于稀土 Ce 掺杂 Ni-Zn-Mn 铁氧体的形貌结构及吸波性能的研究鲜见报道。

锶铁氧体（$SrFe_{12}O_{19}$）是一种典型的硬磁材料，其晶体结构属于六角晶系，因其具有较大的磁晶各向异性、较高的矫顽力、良好的频率特性和稳定的化学性质等优点而被广泛应用在吸波材料领域[161]。但是，单纯的 $SrFe_{12}O_{19}$ 同样存在匹配厚度较大（5mm 左右）、吸波频带较窄等缺点，难以满足现代吸波材料的综合要求[161]。研究表明，对 $SrFe_{12}O_{19}$ 进行离子取代或稀土掺杂，能够有效调控其电磁参数和吸波带宽，获得优异的吸波性能[162-164]。近年来，一些学者以 $SrFe_{12}O_{19}$ 为基体，用适量的 Co^{2+} 取代和稀土元素 La、

Nd 掺杂获得了具有良好磁性能的改性锶基铁氧体[165,166]。但是，对上述锶基铁氧体的形貌结构和吸波性能变化的系统研究较少有人涉及。

本章针对铁氧体核粒子匹配厚度大和衰减特性弱的缺陷，利用溶胶-凝胶法对其进行离子取代和稀土掺杂改性。首先对 $NiFe_2O_4$ 进行不同含量 Mn-Zn 共取代，然后在最佳 Mn-Zn 共取代量的基础上进行不同含量稀土 Ce 掺杂；对 $SrFe_{12}O_{19}$ 进行不同含量 Co 取代，然后在最佳 Co 取代量的基础上，进行不同类型稀土（La、Nd）掺杂，考察铁氧体在离子取代和稀土掺杂过程中形貌结构、磁性能、电磁参数及吸波性能随不同取代量和掺杂量变化的影响。

4.2　离子取代镍基铁氧体的结构性能表征

4.2.1　离子取代镍基铁氧体的结构形貌分析

图 4.1 所示为 $Ni_{0.5-x}Zn_{0.3-x}Mn_{0.2+2x}Fe_2O_4$ 粉体的 XRD 谱和晶格常数。由图 4.1(a) 可见，XRD 谱中的衍射峰分别对应 $NiFe_2O_4$ 标准图谱（JCPDS 71-1269）的 （111）、（220）、（311）、（222）、（400）、（422）、（511）、（440）、（620）、（533） 和 （622） 晶面，没有杂质峰出现，峰形尖锐。运用公式 $a = \lambda(h^2+k^2+l^2)^{\frac{1}{2}}/(2\sin\theta)$ 计算 Mn-Zn 不同取代量样品的晶格常数 a。其中 λ 为 0.1548nm；(h, k, l) 为最强的衍射峰 （311） 的晶面指数；θ 为 （311） 晶面的衍射角，结果如图 4.1(b) 所示。

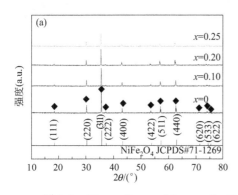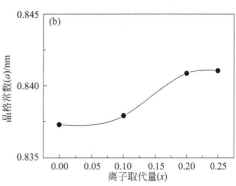

图 4.1　$Ni_{0.5-x}Zn_{0.3-x}Mn_{0.2+2x}Fe_2O_4$ 铁氧体的 XRD 谱 （a） 和晶格常数 （b）

$Ni_{0.5-x}Zn_{0.3-x}Mn_{0.2+2x}Fe_2O_4$ 的晶格常数随着取代量 x 的增加而变大。晶格常数的改变是由于不同取代离子之间的半径不同所引起的。如图 4.2 所示为尖晶石型铁氧体的单位晶胞，由图可知，$NiFe_2O_4$ 为反尖晶石结构，所以 A 位会被 Fe^{3+} 优先占据，B 位会被 Fe^{3+} 和 Ni^{2+} 共同占据。根据化合价等价和体积效应原理，Zn^{2+} 和 Mn^{2+} 会优先进入并占据 B 位取代 Ni^{2+} 离子[167]，随着取代量的增加必然会引起晶格常数的变大，同时也证实 Zn^{2+} 和 Mn^{2+} 通过取代顺利进入了 $NiFe_2O_4$ 的晶体结构当中，说明在本实验条件下成功制备了 $Ni_{0.5-x}Zn_{0.3-x}Mn_{0.2+2x}Fe_2O_4$ 粉体。

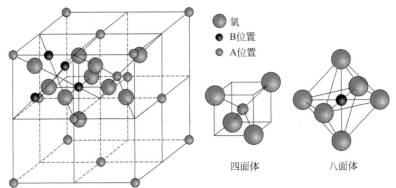

图 4.2　尖晶石型铁氧体晶胞结构

图 4.3　$Ni_{0.5-x}Zn_{0.3-x}Mn_{0.2+2x}Fe_2O_4$ 样品的 SEM 照片

(a) $x=0.0$；(b) $x=0.10$；(c) $x=0.20$；(d) $x=0.25$

$Ni_{0.5-x}Zn_{0.3-x}Mn_{0.2+2x}Fe_2O_4$ 样品的 SEM 照片如图 4.3 所示。可以看出粉体颗粒棱角鲜明，呈多面体形状，粒径随着取代量 x 的增大而增大。当取代量 $x \leqslant 0.10$ 时，样品粒径大部分在 $1\mu m$ 左右；当取代量 $x > 0.10$ 时，样品粒径增大明显，大部分在 $3\mu m$ 左右。

4.2.2 离子取代镍基铁氧体的磁性能分析

图 4.4 所示为 $Ni_{0.5-x}Zn_{0.3-x}Mn_{0.2+2x}Fe_2O_4$ 铁氧体的磁滞回线。由图可见，不同 Mn-Zn 共取代量的样品均呈现室温顺磁性。$Ni_{0.5-x}Zn_{0.3-x}Mn_{0.2+2x}Fe_2O_4$ 铁氧体的饱和磁化强度 (M_s) 随着 Mn-Zn 共取代量 x 的增加而增大。取代量 x 从 0 到 0.25 对应的 M_s 分别为 $32.220A \cdot m^2/kg$、$42.721A \cdot m^2/kg$、$54.514 A \cdot m^2/kg$ 和 $63.899A \cdot m^2/kg$。

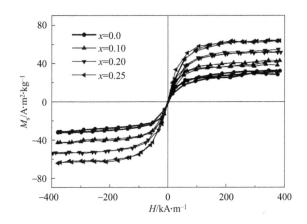

图 4.4　$Ni_{0.5-x}Zn_{0.3-x}Mn_{0.2+2x}Fe_2O_4$ 铁氧体的磁滞回线

A、B 位上反平行排列的离子磁矩产生的超交换作用是决定尖晶石型铁氧体的磁性的主要因素[168]。因此，根据 A、B 位上金属离子的分布情况及磁矩，就可以按照 $(Me_{\delta}^{2+}Fe_{1-\delta}^{3+})[Me_{1-\delta}^{2+}Fe_{\delta}^{3+}]O_4$ 计算磁矩，其中（）表示 A 位，[] 表示 B 位[169]。表 4.1 列出了 Mn-Zn 共取代后铁氧体的离子分布及饱和磁矩计算值。可见，随着取代量 x 的增大，Mn^{2+} 离子浓度增加，使得晶格中磁性离子 Mn^{2+} 增多，非磁性离子 Zn^{2+} 减少，导致分子磁矩增加，从宏观上表现为 M_s 增大。

4.2.3 离子取代镍基铁氧体的电磁参数分析

图 4.5 为 $NiFe_2O_4$ 和 $Ni_{0.5-x}Zn_{0.3-x}Mn_{0.2+2x}Fe_2O_4$ 样品在 $2\sim18GHz$ 频段内的介电常数 (ε', ε'') 和磁导率 (μ', μ'') 的变化示意图。由图 4.5(a) 和

表 4.1　离子取代镍基铁氧体的离子分布及饱和磁矩

铁氧体	离子分布	离子磁矩/μ_B		饱和磁矩/μ_B
		A 位	B 位	计算值
$Ni_{0.5}Zn_{0.3}Mn_{0.2}Fe_2O_4$	$(Fe_{0.6}^{3+}Zn_{0.3}^{2+}Mn_{0.04}^{2+})[Ni_{0.5}^{2+}Mn_{0.16}^{2+}Fe_{1.4}^{3+}]O_4$	3+0.2	1+0.8+7	5.6
$Ni_{0.4}Zn_{0.2}Mn_{0.4}Fe_2O_4$	$(Fe_{0.6}^{3+}Zn_{0.2}^{2+}Mn_{0.08}^{2+})[Ni_{0.4}^{2+}Mn_{0.32}^{2+}Fe_{1.4}^{3+}]O_4$	3+0.4	0.8+1.6+7	6.0
$Ni_{0.3}Zn_{0.1}Mn_{0.6}Fe_2O_4$	$(Fe_{0.6}^{3+}Zn_{0.1}^{2+}Mn_{0.12}^{2+})[Ni_{0.3}^{2+}Mn_{0.48}^{2+}Fe_{1.4}^{3+}]O_4$	3+0.6	0.6+2.4+7	6.4
$Ni_{0.25}Zn_{0.05}Mn_{0.7}Fe_2O_4$	$(Fe_{0.6}^{3+}Zn_{0.05}^{2+}Mn_{0.14}^{2+})[Ni_{0.25}^{2+}Mn_{0.56}^{2+}Fe_{1.4}^{3+}]O_4$	3+0.7	0.5+2.8+7	6.6

注：玻尔磁子 $\mu_B = 9.274 \times 10^{-24}$ A·m²。

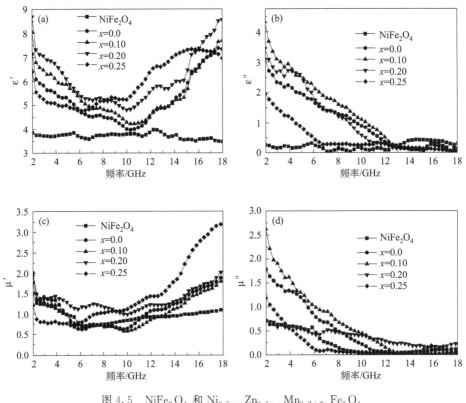

图 4.5　$NiFe_2O_4$ 和 $Ni_{0.5-x}Zn_{0.3-x}Mn_{0.2+2x}Fe_2O_4$
样品的介电常数 [(a)，(b)] 和磁导率 [(c)，(d)]

图 4.5(b) 可见，在整个测量频率范围内，$Ni_{0.5-x}Zn_{0.3-x}Mn_{0.2+2x}Fe_2O_4$ 样品
的 ε' 和 ε'' 的值几乎都比未掺杂的 $NiFe_2O_4$ 的 ε' 和 ε'' 高。不同取代量样品的 ε'
值在 2～10GHz 逐渐减小，而后在 10～18GHz 逐渐增加；样品的 ε'' 值在 2～
12GHz 急剧下降，而后在 12～18GHz 几乎保持稳定。样品之间介电常数的
差异是由于 Zn^{2+} 和 Mn^{2+} 离子的取代引起。$NiFe_2O_4$ 的介电性能主要来源于
偶极子极化[114]。在对 $NiFe_2O_4$ 进行 Mn-Zn 共取代时，Zn^{2+} 和 Mn^{2+} 优先取代

Ni^{2+}，能够提高电子跳跃，增强偶极子极化，从而使介电性能提高[170]。

由图 4.5(c) 可见，随着频率的增加，不同取代量样品的 μ' 值在 $2.5\sim$ 10GHz 基本保持不变，然后在 $10\sim18$GHz 缓慢增加。由图 4.5(d) 可见，μ'' 值在 $2\sim18$GHz 频率范围内呈下降趋势。通常，在微波频段，铁氧体的磁性损耗源于自然共振[118,119]。因此，μ' 和 μ'' 的变化主要是由于自然共振引起。

4.2.4 离子取代镍基铁氧体的吸波性能分析

良好的阻抗匹配特性（电磁波在最大程度输入吸收材料）和衰减特性（进入吸波材料的电磁波最大程度衰减）是实现低反射率的基本条件[122,123]。铁氧体吸收剂的阻抗匹配性能较好，因而提高其衰减特性就成为首要目标[161]。不同离子取代 $Ni_{0.5-x}Zn_{0.3-x}Mn_{0.2+2x}Fe_2O_4$ 样品的衰减常数可由式 (2-21) 计算得到。图 4.6 所示为 $NiFe_2O_4$ 和 $Ni_{0.5-x}Zn_{0.3-x}Mn_{0.2+2x}Fe_2O_4$ 样品的衰减常数。由图可见，Mn-Zn 共取代后 $NiFe_2O_4$ 的衰减特性得到了明显改善。当取代量 $x = 0.10$ 时，样品具有最大的衰减常数，意味着 $Ni_{0.4}Zn_{0.2}Mn_{0.4}Fe_2O_4$ 对电磁波有最大的衰减性能。

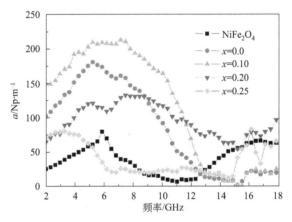

图 4.6　$NiFe_2O_4$ 和 $Ni_{0.5-x}Zn_{0.3-x}Mn_{0.2+2x}Fe_2O_4$ 样品的衰减常数

根据传输线理论[124,125,127]，结合测试得到的电磁参数，由式(2-28)和式(2-29)计算得到 $NiFe_2O_4$ 和 $Ni_{0.4}Zn_{0.2}Mn_{0.4}Fe_2O_4$ 样品在不同厚度下的反射率，如图 4.7 所示。可见，单纯的 $NiFe_2O_4$ 的匹配厚度在 6.5mm 左右，而且反射率小于 -10dB 时的频率宽度仅有 4GHz［图 4.7(a)］。与之相对比，$Ni_{0.4}Zn_{0.2}Mn_{0.4}Fe_2O_4$ 样品的匹配厚度在 3.8mm 左右，反射率小于 -10dB 时的频率宽度达到 8GHz（$3.6\sim11.6$GHz），最小反射率为 -27.6dB（11.0GHz）［图 4.7(b)］。

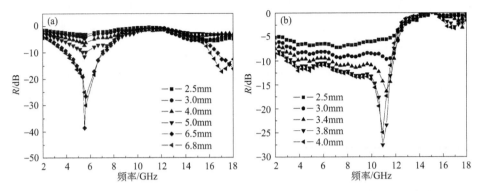

图 4.7　$NiFe_2O_4$（a）和 $Ni_{0.4}Zn_{0.2}Mn_{0.4}Fe_2O_4$（b）样品不同厚度下的反射率

4.3　铈掺杂镍基铁氧体的结构性能表征

4.3.1　铈掺杂镍基铁氧体的结构形貌分析

图 4.8 所示为不同 Ce^{3+} 掺杂量镍基铁氧体样品的 XRD 谱。当 Ce^{3+} 掺杂量 $x=0.08$ 时，谱图中出现了 Ce_2O_3 的特征衍射峰，说明过量的 Ce^{3+} 以氧化物的形式存在于粉体中。当 Ce^{3+} 掺杂量 $x \leqslant 0.06$ 时，Ce_2O_3 杂质峰消失，谱图中的衍射峰分别对应 $NiFe_2O_4$ 标准图谱（JCPDS　71-1269）的（111）、（220）、（311）、（222）、（400）、（422）、（511）、（440）、（533）和（622）晶面，无其他杂质峰出现，峰形尖锐，说明此时形成的晶型趋于完整，生成了

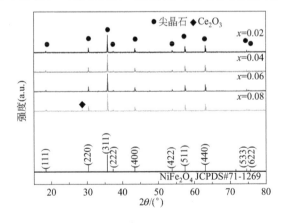

图 4.8　不同 Ce^{3+} 掺杂量镍基铁氧体样品的 XRD 谱

纯净的尖晶石型 $Ni_{0.4}Zn_{0.2}Mn_{0.4}Ce_xFe_{2-x}O_4$ 复合铁氧体。

图 4.9 所示是不同 Ce^{3+} 掺杂量镍基铁氧体的 SEM 照片。可见，随着 Ce^{3+} 掺杂量的增加，晶体粒径呈现出逐渐减小的趋势。当掺杂量为 0.08 时，

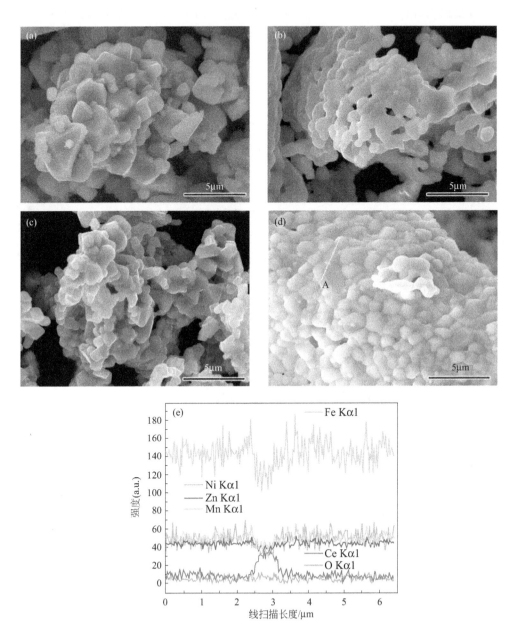

图 4.9　不同 Ce^{3+} 掺杂量镍基铁氧体样品的 SEM 照片及 EDS 线扫描

（a）$x=0.02$；（b）$x=0.04$；（c）$x=0.06$；（d）$x=0.08$；（e）EDS 线扫描

颗粒团聚在一起，晶体表面可见异常的小颗粒分布在颗粒晶界之间；当掺杂量为 0.06 时，颗粒棱角鲜明，呈多面体状，平均粒径在 $1.5\mu m$ 左右。为了进一步分析 Ce^{3+} 掺杂量为 0.08 时样品表面异常颗粒的成分，对其进行了 EDS 线扫描分析［图 4.9(d) 中 A 处］，结果如图 4.9(e) 所示。由图可见，异常颗粒的 Ce 元素和 O 元素含量和其他地方有明显差别，结合 XRD 分析，可以进一步确认是 Ce_2O_3 杂质。

4.3.2 铈掺杂镍基铁氧体的磁性能分析

图 4.10 所示为 $Ni_{0.4}Zn_{0.2}Mn_{0.4}Ce_xFe_{2-x}O_4$（$x=0.02$，0.04，0.06，0.08）样品在常温时的磁滞回线。由图 4.10(a) 见，样品均呈现室温顺磁性，Ce^{3+} 的掺杂对 M_s 影响较大。图 4.10(b) 所示为不同 Ce^{3+} 掺杂量对 M_s 的影响。

由图 4.10(b) 可见，当 $x<0.06$ 时 M_s 随掺杂量的增加而增大。当 $x>0.06$ 时 M_s 随掺杂量的增加而减小。当 $x=0.06$ 时 M_s 达到最大值 59.47A·m^2/kg。稀土离子 Ce^{3+} 的半径较大，受空间效应的影响，Ce^{3+} 将优先取代 B 位的 Fe^{3+}。Ce^{3+} 进入铁氧体晶格，改变了铁氧体原有的离子分布，其 $4f$ 电子层会提供一个离子磁矩，随着 Ce^{3+} 掺杂量的增加，样品的 M_s 会随之增大。但是，掺杂量太大时，多余的 Ce^{3+} 无法进入铁氧体晶体内部，会以氧化物的形式存在于晶界之间，造成 M_s 下降。

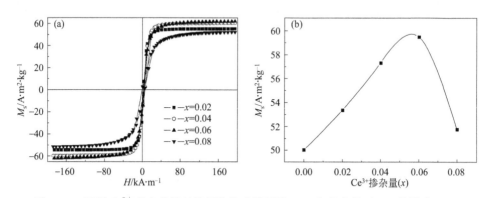

图 4.10　不同 Ce^{3+} 掺杂量镍基铁氧体的磁滞回线（a）与掺杂量对 M_s 的影响（b）

4.3.3 铈掺杂镍基铁氧体的电磁参数分析

图 4.11 为 $Ni_{0.4}Zn_{0.2}Mn_{0.4}Ce_xFe_{2-x}O_4$（$x=0.02$，0.04，0.06，0.08）样品的电磁参数随频率的变化示意。由图 4.11(a) 和图 4.11(b) 可见，随

着 Ce^{3+} 掺杂量增加，样品的 ε' 呈现波浪式变化，$x=0.08$ 时最大，$x=0.04$ 时最小；ε'' 随着 Ce^{3+} 掺杂量的先增大后减小，$x=0.06$ 时最大，$x=0.08$ 时最小。ε'' 的变化主要由偶极子极化引起[114]，Ce^{3+} 分布于晶体中容易形成较多的固有点偶极子，有利于增大粉体的偶极子极化，增强介电损耗。μ' 随着 Ce^{3+} 掺杂量的增加呈现波浪式变化，$x=0.06$ 时最大。不同样品的 μ'' 在 6～18GHz 随 Ce^{3+} 掺杂量的增加数值变化趋势基本相同，均在 6～11GHz 急剧减小，在 11～18GHz 略有增大，但幅度较小；在 2～6GHz，随 Ce^{3+} 掺杂量增大，样品的 μ'' 先增大后减小，$x=0.06$ 时最大，$x=0.08$ 时最小。由前文分析可知，$x=0.08$ 时，多余的 Ce^{3+} 会以氧化物的形式存在于晶界之间，造成磁性能下降，从而使样品的磁损耗有所减弱。

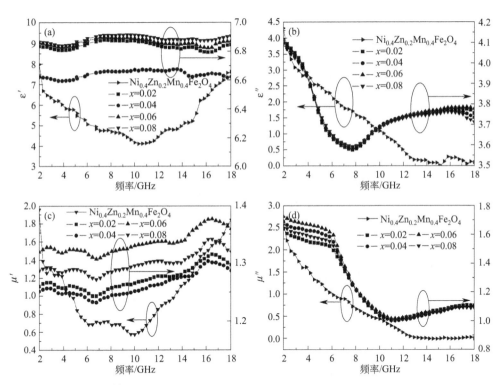

图 4.11　不同 Ce^{3+} 掺杂量镍基铁氧体样品的介电常数 [(a),(b)] 和磁导率 [(c),(d)]

4.3.4　铈掺杂镍基铁氧体的吸波性能分析

图 4.12 所示为不同 $Ni_{0.4}Zn_{0.2}Mn_{0.4}Ce_xFe_{2-x}O_4$（$x=0.02$，0.04，0.06，0.08）样品的衰减常数。由图可见，Ce^{3+} 掺杂后，样品的衰减常数随着掺杂量的增加先增大后减小。与 Mn-Zn 取代相比，Ce^{3+} 掺杂对铁

氧体在高频段的衰减特性改善明显。掺杂量 $x=0.06$ 时，样品具有最大的衰减常数，意味着 $Ni_{0.4}Zn_{0.2}Mn_{0.4}Ce_{0.06}Fe_{1.94}O_4$ 对电磁波有最大的衰减性能。

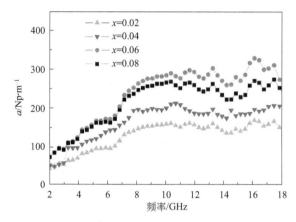

图 4.12　不同 Ce^{3+} 掺杂量镍基铁氧体样品的衰减常数

根据传输线理论[124,125,127]，结合测试得到的电磁参数，由式（2-28）和式（2-29）计算得到 $Ni_{0.4}Zn_{0.2}Mn_{0.4}Ce_{0.06}Fe_{1.94}O_4$ 样品在不同厚度下的反射率，结果如图 4.13 所示。可见，$Ni_{0.4}Zn_{0.2}Mn_{0.4}Ce_{0.06}Fe_{1.94}O_4$ 样品的吸波性能明显提高，最大吸收峰移向高频区域。样品反射率随着厚度的增加先减小后增大，当厚度为 2.4mm 时，样品具有最佳的吸波性能，最小反射率为 $-31.1dB$（11.9GHz 处），小于 $-10dB$ 时的吸波宽度 8.3GHz（6.7～15.0GHz）。

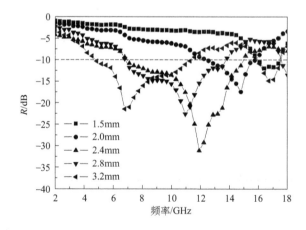

图 4.13　$Ni_{0.4}Zn_{0.2}Mn_{0.4}Ce_{0.06}Fe_{1.94}O_4$ 样品不同厚度下的反射率

4.4 锶-钴铁氧体的结构性能表征

4.4.1 锶-钴铁氧体的结构形貌分析

Co^{2+} 取代量不同时 $SrFe_{12-x}Co_xO_{19}$ 样品的 SEM 照片如图 4.14 所示。由

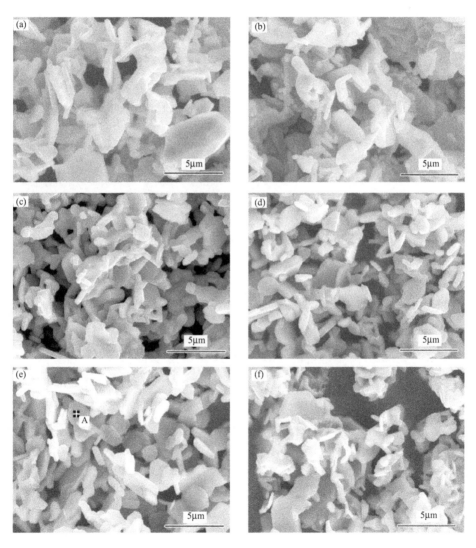

图 4.14 Co^{2+} 取代量不同时 $SrFe_{12-x}Co_xO_{19}$ 样品的 SEM 照片

(a) $x=0$；(b) $x=0.05$；(c) $x=0.1$；(d) $x=0.15$；(e) $x=0.20$；(f) $x=0.25$

图可见，制备的样品为六面体片状结构，表面光滑，结晶度好，符合六方晶系的典型形貌特征。随着 Co^{2+} 取代量的增加，样品粒径呈减小趋势，较大的颗粒逐渐减少。当 Co^{2+} 取代量 $x < 0.15$ 时，样品颗粒的尺寸分布较广，在 $1 \sim 5 \mu m$ 之间；当 Co^{2+} 取代量 $x \geqslant 0.15$ 后，样品颗粒尺寸约为 $2 \mu m$ 且分布较为均匀；继续增加 Co^{2+} 取代量对形貌已无太大影响。

图 4.15 为 Co^{2+} 取代量不同时 $SrFe_{12-x}Co_xO_{19}$ 样品的 XRD 和 EDS 谱图。由图 4.15(a) 可见，各样品的衍射峰峰形尖锐，无其他杂质相形成，与 $SrFe_{12}O_{19}$ 的标准卡片（JCPDS 33-1340）中 (006)、(110)、(107)、(114)、(203)、(256)、(206)、(217)、(2011)、(220)、(2014) 和 (317) 晶面位置基本吻合，说明所得样品均为纯相 M 型六角铁氧体，结晶完好。图 4.15 (b) 为图 4.14 (e) 中 A 处的 EDS 谱图。可见，样品中含有 Fe，Sr，Co，O 四种元素，结合 XRD 图谱分析，可进一步确定所生成的样品为 $SrFe_{12-x}Co_xO_{19}$。

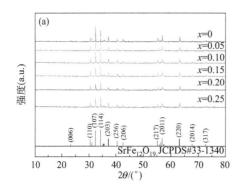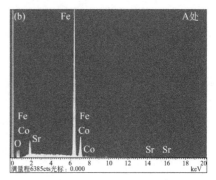

图 4.15　$SrFe_{12-x}Co_xO_{19}$ 样品的 XRD (a) 及 EDS 谱图（$x=0.20$）(b)

根据 Bragg 公式，六角铁氧体的微结构参数之间具有如式(4-1) 和式 (4-2) 关系：

$$d_{hkl} = \left(\frac{4}{3} \frac{h^2 + hk + k^2}{a^2} + \frac{l^2}{c^2} \right)^{-\frac{1}{2}} \tag{4-1}$$

$$V_{cell} = 0.0866 a^2 c \tag{4-2}$$

式中，d_{hkl} 为晶面间距；a，c 为晶格常数；h，k，l 为晶面指数。以样品 XRD 谱图中最强衍射峰 (107) 晶面和 (114) 晶面的 d_{hkl} 值，结合式(4-1) 和式(4-2)，即可得到样品的晶格常数 (a，c) 和晶胞体积 (V_{cell})。$SrFe_{12-x}Co_xO_{19}$ 铁氧体的晶格常数及晶胞体积随着 Co^{2+} 取代量 x 的增加变化如图 4.16 所示。从图 4.16 (a) 可见，晶格常数 a 随着 Co^{2+} 取代量 x 的增加呈现出微小的变化，晶格常数 c 则随着 Co^{2+} 取代量 x 的增加单调减少。从 4.16（b）可见，晶胞体积 V_{cell} 随着 Co^{2+} 取代量 x 的增加先增加后减小，与晶格常数 a 的变化趋势一致，整体变化微小。$SrCo_xFe_{12-x}O_{19}$ 微结构参数的变化主要由取代过程中 Co^{2+} 与 Fe^{3+} 离子半径不同引起。

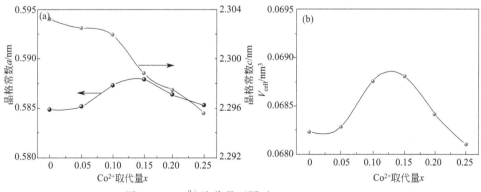

图 4.16　Co^{2+} 取代量不同时 $SrFe_{12-x}Co_xO_{19}$
样品的晶格常数（a）与晶胞体积（b）

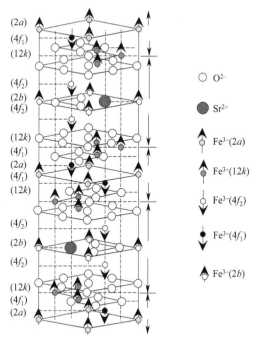

图 4.17　Fe^{3+} 在 $SrFe_{12}O_{19}$ 中晶格分布和自旋取向

在 $SrFe_{12}O_{19}$ 中，Fe^{3+} 处于 5 种不同的亚晶格位置：八面体结构中

$2a\uparrow$、$12k\uparrow$、$4f_2\downarrow$ 位，四面体结构中 $4f_1\downarrow$ 位，六面体结构中 $2b\uparrow$ 位，如图 4.17 所示。由于体积效应和化合价效应，Co^{2+} 会优先进入 $2b\uparrow$ 六面体位置与 $2a\uparrow$、$12k\uparrow$、$4f_2\downarrow$ 八面体位置从而导致晶格畸变使晶格常数发生相应变化[171]，这也说明 Co^{2+} 已经通过取代的形式进入了 $SrFe_{12}O_{19}$ 的晶格结构中。

4.4.2 锶-钴铁氧体的磁性能分析

图 4.18（a）为室温条件下 $SrFe_{12-x}Co_xO_{19}$（$x=0$，0.05，0.10，0.15，0.20，0.25）样品的磁滞回线谱图。由图可见，Co^{2+} 取代后样品均呈现出典型的永磁特性，没有影响 $SrFe_{12}O_{19}$ 磁滞回线的整体形状。不同的 Co^{2+} 取代量使样品具有不同的饱和磁化强度（M_s）和矫顽力（H_c），如图 4.18（b）所示。

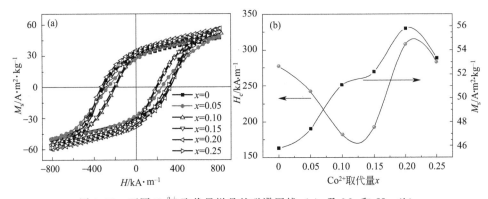

图 4.18　不同 Co^{2+} 取代量样品的磁滞回线（a）及 M_s 和 H_c（b）

样品的 M_s 随着 Co^{2+} 取代量 x 的增加先增大后减小，在 $x=0.20$ 时达到最大值，为 $55.8A\cdot m^2/kg$；样品的 H_c 随着取代量 x 的增加而呈波动变化，在 $x=0.20$ 时达到最大值，为 $302.4kA/m$。$SrFe_{12}O_{19}$ 亚晶格中自旋向上和自旋向下的磁矩之差是其磁性的主要来源[118]。当 $x<0.20$ 时，Co^{2+} 进入 $2a$ 位的可能性更大，由于 Co^{2+} 的磁矩（$3.7\mu_B$）比 Fe^{3+} 的磁矩（$5\mu_B$）要小，自旋向上和自旋向下的磁矩之差会因此增大，导致 M_s 增大；$x>0.20$ 时，Co^{2+} 进入 $4f_2$ 位的可能性更大，又会使得自旋向上和自旋向下的磁矩之差减小，导致 M_s 减小[172]。另外，由 XRD 分析可知，Co^{2+} 替代 Fe^{3+} 必将改变晶格结构和 $SrFe_{12-x}Co_xO_{19}$ 样品中离子间的相互作用力，从而导致矫顽力发生相应的变化。

4.4.3　锶-钴铁氧体的电磁参数分析

SrFe$_{12-x}$Co$_x$O$_{19}$ 样品的电磁参数在 2～18GHz 频段内的变化如图 4.19 所示。可见，在整个测试频率范围内，与 SrFe$_{12}$O$_{19}$（$x=0$）相比，Co^{2+} 取代后样品的参数整体平滑，共振峰变少。由图 4.19（a）和图 4.19（b）可见，SrFe$_{12-x}$Co$_x$O$_{19}$ 样品的 ε' 随着 x 的增加会先增大后减小，在 $x=0.20$ 时，ε' 有最大值；而 ε'' 随着 x 的增加呈现波动变化，先减小后增加再减小。由图 4.19（c）和图 4.19（d）可见，随着 x 的增加，在 2～16GHz 内样品的 μ' 变化不大，16～18GHz 内 μ' 则呈现出先增加后减小的变化；μ'' 则会先增大后减小，在 $x=0.20$ 时达到最大。

由式（2-5）和式（2-6）计算得到 Co^{2+} 取代量不同时 SrFe$_{12-x}$Co$_x$O$_{19}$ 样品的介电损耗角正切（tanδ_ε）和磁损耗角正切（tanδ_m），如图 4.20 所示。由图 4.20（a）可知，样品的 tanδ_ε 在 0.06 左右，说明样品由介电损耗产生的对电磁波的吸收作用很弱。由图 4.20（b）可知，随着 x 的增加，样品的 tanδ_m 先增大后减小。当 $x>0.10$ 时，在 8～18GHz 频段内，样品的 tanδ_m 明显高于 SrFe$_{12}$O$_{19}$。当 $x=0.20$ 时，样品有最大的磁损耗，tanδ_m 约为 0.36。

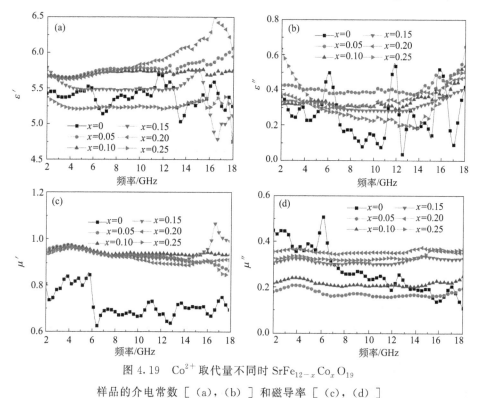

图 4.19　Co^{2+} 取代量不同时 SrFe$_{12-x}$Co$_x$O$_{19}$

样品的介电常数［（a），（b）］和磁导率［（c），（d）］

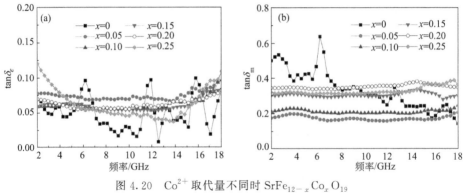

图 4.20　Co^{2+} 取代量不同时 $SrFe_{12-x}Co_xO_{19}$
样品的介电损耗角正切（a）和磁损耗角正切（b）

4.4.4　锶-钴铁氧体的吸波性能分析

铁氧体吸收剂对入射电磁波传播过程中衰减能力的强弱是其吸波性能优良与否的关键。图 4.21 所示为 Co^{2+} 取代量不同时 $SrFe_{12-x}Co_xO_{19}$ 样品的衰减常数。由图可见，随着取代量 x 的增加，样品的衰减常数先增加后减小，在 $x=0.20$ 时达到最大，说明 $SrFe_{11.8}Co_{0.2}O_{19}$ 对电磁波有最好的衰减效果。

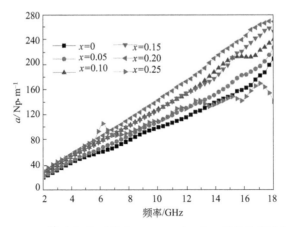

图 4.21　Co^{2+} 取代量不同时 $SrFe_{12-x}Co_xO_{19}$ 样品的衰减常数

根据传输线理论[124-125,127]，结合测试得到的电磁参数，由式（2-28）和式（2-29），计算得到 $SrFe_{12}O_{19}$（$x=0$）和 $SrFe_{11.8}Co_{0.2}O_{19}$（$x=0.20$）样品在不同厚度下的反射率，如图 4.22 所示。可见，$SrFe_{12}O_{19}$ 匹配厚度为 5.2mm，使得其在实际应用中受到很大的局限。与 $SrFe_{12}O_{19}$ 相比，$SrFe_{11.8}Co_{0.2}O_{19}$ 的匹配厚度降为 2.4mm，最小反射率为 -24.7dB（13.8GHz），

小于－10dB 时的吸波带宽达到 4.7GHz（11.6～16.3GHz），表明适量 Co^{2+} 取代有助于 $SrFe_{12}O_{19}$ 吸波性能的提高。

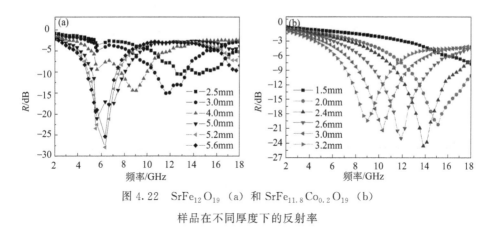

图 4.22　$SrFe_{12}O_{19}$（a）和 $SrFe_{11.8}Co_{0.2}O_{19}$（b）样品在不同厚度下的反射率

4.5　稀土掺杂锶-钴铁氧体的结构性能表征

4.5.1　稀土掺杂锶-钴铁氧体的结构形貌分析

图 4.23 所示为 $Sr_{0.8}Re_{0.2}Fe_{11.8}Co_{0.2}O_{19}$（Re＝La、Nd）样品的 XRD 谱。将样品 XRD 谱与标准卡片对比，可知特征衍射峰与 $SrFe_{12}O_{19}$ 标准谱图（JCPDS　33-1340）数据一致，没有其他杂质相的产生，峰形尖锐，说明两种稀土元素掺杂后的 $Sr_{0.8}La_{0.2}Fe_{11.8}Co_{0.2}O_{19}$ 和 $Sr_{0.8}Nd_{0.2}Fe_{11.8}Co_{0.2}O_{19}$ 样品均为单一的六角 M 相结构，结晶完好。利用式(4-1) 和式(4-2) 以及特征衍射峰（107）和（114）晶面的 d_{hkl} 值可以得到不同稀土离子掺杂后样品的晶格常数（a，c）和晶胞体积（V_{cell}）随着稀土离子半径的变化，结果如图 4.24 所示。由图可见，稀土掺杂铁氧体样品的晶格常数（a，c）和晶胞体积（V_{cell}）均小于未掺杂铁氧体样品的对应值，并且随着掺杂的稀土离子半径的减小，晶格常数（a，c）和晶胞体积（V_{cell}）逐渐减小。

M 型锶铁氧体中的 Sr^{2+} 会被 La^{3+} 和 Nd^{3+} 优先取代，而 Sr^{2+}、La^{3+} 和 Nd^{3+} 之间的离子半径的不同正是导致样品晶格常数（a，c）和晶胞体积（V_{cell}）发生变化的原因。由于稀土离子半径均小于 Sr^{2+} 离子半径，当稀土离子取代 Sr^{2+} 离子进入晶格后，会造成铁氧体晶格的收缩，并且随着稀土离子半径 Re^{3+} 的减小，晶格收缩程度加强，稀土掺杂样品的晶格常数（a，c）和晶胞体积（V_{cell}）逐渐减小。因此，可以判断稀土离子取代了 Sr^{2+} 离子进入了 $SrFe_{11.8}Co_{0.2}O_{19}$ 的晶格结构当中。

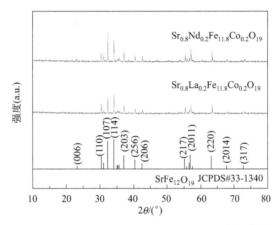

图 4.23 $Sr_{0.8}Re_{0.2}$（Re＝La、Nd）$Fe_{11.8}Co_{0.2}O_{19}$ 铁氧体的 XRD 谱图

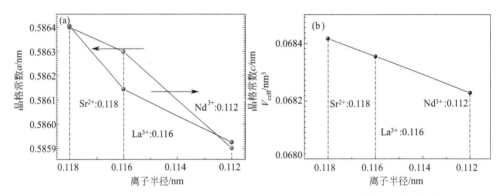

图 4.24 不同稀土离子掺杂 $Sr_{0.8}Re_{0.2}Fe_{11.8}Co_{0.2}O_{19}$ 样品的晶格常数（a）与晶胞体积（b）

图 4.25 所示为 $Sr_{0.8}Re_{0.2}Fe_{11.8}Co_{0.2}O_{19}$（Re＝La、Nd）样品的 SEM 照片。由图 4.25（a）和图 4.25（b）可见，稀土掺杂使得样品的粒径进一步减小，颗粒尺寸约为 $1\mu m$，样品颗粒出现碎化，分布更加均匀。

图 4.26（a）和图 4.26（b）分别是 $Sr_{0.8}La_{0.2}Fe_{11.8}Co_{0.2}O_{19}$ ［图 4.25（a）中 A 处］和 $Sr_{0.8}Nd_{0.2}Fe_{11.8}Co_{0.2}O_{19}$ ［图 4.25（b）中 B 处］样品的 EDS 谱图。由图中元素分布，结合 XRD 图谱分析，可进一步确定所生成的样品为稀土离子掺杂的锶-钴铁氧体。

4.5.2 稀土掺杂锶-钴铁氧体的磁性能分析

图 4.27（a）所示为 $Sr_{0.8}Re_{0.2}Fe_{11.8}Co_{0.2}O_{19}$（Re＝La、Nd）样品在室温下测

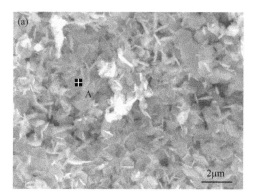

图 4.25　$Sr_{0.8}La_{0.2}Fe_{11.8}Co_{0.2}O_{19}$（a）

和 $Sr_{0.8}Nd_{0.2}Fe_{11.8}Co_{0.2}O_{19}$（b）样品的 SEM 照片

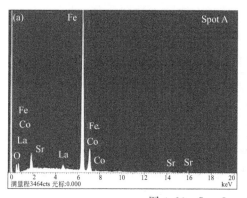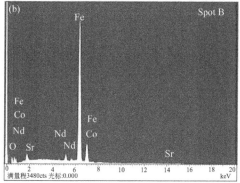

图 4.26　$Sr_{0.8}La_{0.2}Fe_{11.8}Co_{0.2}O_{19}$（a）

和 $Sr_{0.8}Nd_{0.2}Fe_{11.8}Co_{0.2}O_{19}$（b）样品的 EDS 谱图

得的磁滞回线。由图可见，样品的 M_s 受到稀土离子掺杂的影响较小，而 H_c 改变明显。La^{3+} 掺杂后的样品的 H_c 明显提高。由图 4.27（b）可知，稀土离子掺杂后样品的 M_s 有一定的提高，La^{3+} 掺杂后的样品和 Nd^{3+} 掺杂后的样品的 M_s 值接近，H_c 则明显强于 Nd^{3+} 掺杂后的样品，$Sr_{0.8}La_{0.2}Fe_{11.8}Co_{0.2}O_{19}$ 的 M_s 为 58.08A·m²/kg，H_c 为 362.0kA/m。相关研究表明，La^{3+} 掺杂能够使锶铁氧体获得更大的玻尔磁子数，从而增大掺杂后样品的 M_s[173]。此外，La^{3+} 取代 Sr^{2+} 造成 Fe^{2+} 占据 $2a$ 次晶位，这种结果将引起 $12k$ 次晶位上交换耦合作用的加强，从而使样品 H_c 增大[173]。

4.5.3　稀土掺杂锶-钴铁氧体的电磁参数分析

$Sr_{0.8}Re_{0.2}Fe_{11.8}Co_{0.2}O_{19}$（$Re=La$、$Nd$）样品的电磁参数随频率的变化如

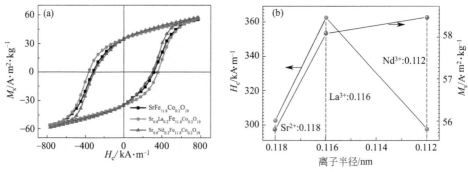

图 4.27　$Sr_{0.8}Re_{0.2}$（Re＝La、Nd）$Fe_{11.8}Co_{0.2}O_{19}$
铁氧体的磁滞回线（a）及 M_s 和 H_c（b）

图 4.28 所示。由图 4.28（a）和图 4.28（b）可见，$SrFe_{11.8}Co_{0.2}O_{19}$ 的介电损耗能力不足的问题可以通过 La^{3+} 和 Nd^{3+} 掺杂得到有效改善。在 2～11GHz 频段内，La^{3+} 和 Nd^{3+} 掺杂后样品的 ε' 值要高于未掺杂样品 $SrFe_{11.8}Co_{0.2}O_{19}$ 的 ε' 值，在整个测试频段内，La^{3+} 和 Na^{3+} 掺杂后样品的 ε'' 值都比 $Sr-Fe_{11.8}Co_{0.2}O_{19}$ 的 ε'' 值要大。$Sr_{0.8}La_{0.2}Fe_{11.8}Co_{0.2}O_{19}$ 的 ε' 整体平滑，具有良好的频率特性；随着频率的增加，$Sr_{0.8}La_{0.2}Fe_{11.8}Co_{0.2}O_{19}$ 的 ε'' 在 2～7GHz 频段内急速下降，而后在 7～18GHz 频段平稳增加。$Sr_{0.8}Nd_{0.2}Fe_{11.8}Co_{0.2}O_{19}$ 的 ε' 在 2～12GHz 比较平滑，之后随着频率的增加呈现波动状态；$Sr_{0.8}Nd_{0.2}Fe_{11.8}Co_{0.2}O_{19}$ 的 ε'' 在 2～18GHz 频段基本呈现出缓慢上升的趋势。

由图 4.28（c）和图 4.28（d）可见，与 Nd^{3+} 掺杂相比，La^{3+} 掺杂对样品磁性的改变较大。$Sr_{0.8}La_{0.2}Fe_{11.8}Co_{0.2}O_{19}$ 的 μ' 比 $SrFe_{11.8}Co_{0.2}O_{19}$ 的 μ' 整体上有了一定程度的提高，$Sr_{0.8}Nd_{0.2}Fe_{11.8}Co_{0.2}O_{19}$ 与 $SrFe_{11.8}Co_{0.2}O_{19}$ 相比 μ' 则变化较小。随着频率的增加，$Sr_{0.8}La_{0.2}Fe_{11.8}Co_{0.2}O_{19}$ 的 μ' 在 2～13GHz 频段基本平稳，而后迅速变大，在 16GHz 处有明显的峰值。$Sr_{0.8}La_{0.2}Fe_{11.8}Co_{0.2}O_{19}$ 的 μ'' 整体上比 $SrFe_{11.8}Co_{0.2}O_{19}$ 的 μ'' 有了一定程度的提高，而 $Sr_{0.8}Nd_{0.2}Fe_{11.8}Co_{0.2}O_{19}$ 的 μ'' 则有一定程度的降低，在 16GHz 存在比较明显的磁损耗峰。

图 4.29 所示为 $SrFe_{11.8}Co_{0.2}O_{19}$ 和不同稀土离子掺杂后样品的介电损耗角正切（$\tan\delta_\varepsilon$）和磁损耗角正切（$\tan\delta_m$）。可见，La^{3+} 掺杂后样品的介电损耗和磁损耗都得到了提高，样品的 $\tan\delta_\varepsilon$ 在 2～8GHz 内呈下降趋势，8～18GHz 内缓慢上升而后下降，平均值为 0.12 左右。样品的 $\tan\delta_m$ 在 2～18GHz 频段内基本保持不变，其平均值约为 0.40。这说明，此时样品对电磁波的吸收作用已经由原来磁损耗为主转变为电损耗和磁损耗共同作用，提升了样品的吸波能力。

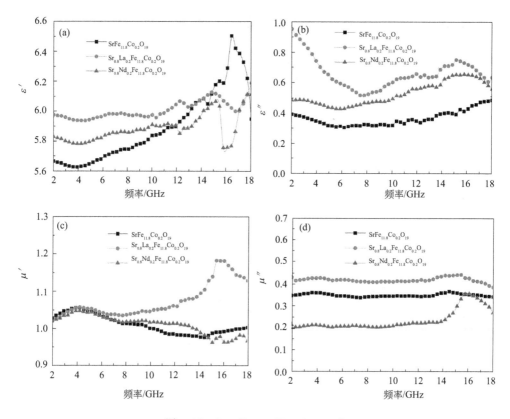

图 4.28　$Sr_{0.8}Re_{0.2}$（Re＝La、Nd）

$Fe_{11.8}Co_{0.2}O_{19}$ 铁氧体的介电常数[(a)、(b)]和磁导率[(c)、(d)]

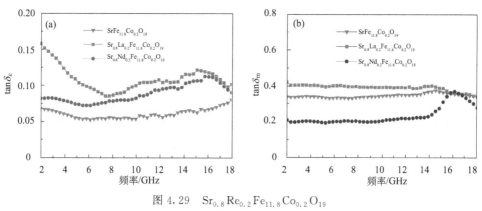

图 4.29　$Sr_{0.8}Re_{0.2}Fe_{11.8}Co_{0.2}O_{19}$

（Re＝La、Nd）铁氧体的介电损耗角正切（a）和磁损耗角正切（b）

4.5.4　稀土掺杂锶-钴铁氧体的吸波性能分析

$SrFe_{11.8}Co_{0.2}O_{19}$ 和 $Sr_{0.8}Re_{0.2}Fe_{11.8}Co_{0.2}O_{19}$（Re＝La、Nd）样品的衰减常数在 2～18GHz 内随频率的变化如图 4.30 所示。由图可知，$Sr_{0.8}Re_{0.2}Fe_{11.8}Co_{0.2}O_{19}$（Re＝La、Nd）样品的衰减常数大于 $SrFe_{11.8}Co_{0.2}O_{19}$ 的衰减常数，并且随着频率的增加呈线性增加趋势。$Sr_{0.8}La_{0.2}Fe_{11.8}Co_{0.2}O_{19}$ 的衰减常数大于 $Sr_{0.8}Nd_{0.2}Fe_{11.8}Co_{0.2}O_{19}$ 的衰减常数，这说明 $Sr_{0.8}La_{0.2}Fe_{11.8}Co_{0.2}O_{19}$ 对电磁波的衰减能力更强。

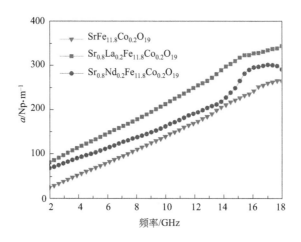

图 4.30　$SrFe_{11.8}Co_{0.2}O_{19}$ 和 $Sr_{0.8}Re_{0.2}Fe_{11.8}Co_{0.2}O_{19}$（Re＝La、Nd）样品的衰减常数

根据传输线理论[124-125,127]，结合测试得到的电磁参数，由式（2-28）和式（2-29），计算了厚度为 1.2～2.4mm 之间 $Sr_{0.8}La_{0.2}Fe_{11.8}Co_{0.2}O_{19}$ 的反射率随着厚度的变化，如图 4.31 所示。由图可见，随着厚度的增加，反射率峰值先减少后增加，逐渐向低频移动。在厚度为 2.0mm 时，反射率峰值达到最小值，为 -27.8dB（11.8GHz），小于 -10dB 时的吸波带宽为 5.2GHz（9.5～14.7GHz）。

4.6　小结

本章采用溶胶-凝胶法对 $NiFe_2O_4$ 进行 Mn-Zn 离子联合取代和稀土 Ce 离子掺杂，对 $SrFe_{12}O_{19}$ 进行 Co 离子取代和稀土 La 离子及 Nd 离子掺杂，利用

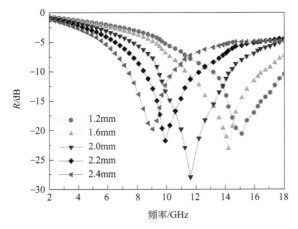

图 4.31　$Sr_{0.8}La_{0.2}Fe_{11.8}Co_{0.2}O_{19}$ 样品在不同厚度下的反射率

XRD、SEM、VSM、EDS 及 VNA 等分析手段，重点研究了离子取代量和稀土掺杂量对铁氧体晶型结构、颗粒尺寸和形貌、电磁参数及吸波性能的影响，从中筛选得到吸波性能较好的镍基铁氧体和锶基铁氧体核粒子，为后续制备铁氧体-羰基铁核壳结构吸收剂奠定了基础，主要得到以下结论：

① 利用溶胶-凝胶法制备了 $Ni_{0.5-x}Zn_{0.3-x}Mn_{0.2+2x}Fe_2O_4$（$x=0$，$0.1$，$0.2$，$0.25$）铁氧体。结果表明：$Ni_{0.5-x}Zn_{0.3-x}Mn_{0.2+2x}Fe_2O_4$ 为典型的尖晶石相，具有室温超顺磁性，晶粒尺寸、晶格常数及饱和磁化强度（M_s）随着 x 的增加而变大。适量的 Mn-Zn 共取代可以提高 $NiFe_2O_4$ 铁氧体的介电常数和磁导率，从而改善阻抗匹配和衰减性能，提高粉体的吸波性能。当取代量 $x=0.1$ 时，样品的匹配厚度由 6.5mm（$NiFe_2O_4$）降为 3.8mm，此时最小反射率为 -27.6dB（11.0GHz），小于 -10dB 的吸波带宽达到 8.0GHz（3.6～11.6GHz）。

② 在最优 Mn-Zn 取代量的基础上，利用溶胶-凝胶法合成了 $Ni_{0.4}Zn_{0.2}Mn_{0.4}Ce_xFe_{2-x}O_4$（$x=0.02$，$0.04$，$0.06$，$0.08$）铁氧体。结果表明：晶体粒径随着掺杂量 x 的增加呈现出逐渐减小的趋势；样品的 M_s 则随着掺杂量 x 的增加而先增大后减小，$x=0.06$ 时 M_s 达到最大值。Ce 掺杂能够进一步改善镍铁氧体的吸波性能，并使吸收峰向高频段移动。当取代量 $x=0.06$ 时，样品的匹配厚度由 3.8mm 降为 2.4mm，最小反射率为 -31.1dB（11.9GHz），小于 -10dB 时的吸波带宽为 8.3GHz（6.7～15.0GHz）。

③ 利用溶胶-凝胶法制备了 $SrCo_xFe_{12-x}O_{19}$（$x=0$，0.05，0.10，0.15，

0.20，0.25）铁氧体。结果表明：$SrCo_xFe_{12-x}O_{19}$ 为 M 型六角铁氧体结构。随着取代量的增加，样品的晶格常数 a 会先增大后减小，而晶格常数 c 则会一直减小。M_s 和矫顽力（H_c）在 $x=0.20$ 分别达到最大值。不同 Co^{2+} 取代量可以有效调控 $SrCo_xFe_{12-x}O_{19}$ 的介电常数和磁导率，提高粉体的磁损耗能力，从而改善吸波性能。当 $x=0.20$ 时，样品的匹配厚度由 5.2mm 降为 2.4mm，最小反射率为 $-24.7dB$（13.8GHz），小于 $-10dB$ 时的吸波带宽达到 4.7GHz（11.6～16.3GHz）。

④ 在最优 Co 取代量的基础上，制备了 $Sr_{0.8}Re_{0.2}Fe_{11.8}Co_{0.2}O_{19}$（Re＝La、Nd）铁氧体。结果表明：稀土掺杂能够使样品晶粒粒径减小。稀土 La^{3+} 掺杂可以提高样品的介电常数和磁导率，从而提高吸波性能，La^{3+} 掺杂后样品的吸波性能较 Nd^{3+} 掺杂后更为优异，涂层厚度为 2.0mm 时，具有最小反射率为 $-27.8dB$（11.8GHz），小于 $-10dB$ 时吸波带宽为 5.2GHz（9.5～14.7GHz）。

5

铁氧体-羰基铁核壳粉体的
形貌结构及吸波性能分析

5.1 引言

尽管通过离子取代和稀土掺杂后，$Ni_{0.4}Zn_{0.2}Mn_{0.4}Ce_{0.06}Fe_{1.94}O_4$（NZMCF）和 $Sr_{0.8}La_{0.2}Fe_{11.8}Co_{0.2}O_{19}$（SLFCF）具有了较好的吸波性能，但是其匹配厚度仍然较大，反射率小于$-10dB$时的吸波带宽和吸收峰值仍然不尽如人意，无法满足吸波材料在实际应用中"强吸收、宽频段、薄厚度"的要求。如 1.2 节中所述，在铁氧体表面包覆 Ni、Co 及 Ni-P 等磁性金属能够获得吸波性能优良的复合吸收剂。

传统磁性金属吸收剂中，羰基铁粉的吸波性能要好于 Ni、Co 等磁性金属。因此，在改性后的铁氧体核粒子表面包覆羰基铁就是希望这种复合吸波粉体不仅能够兼具复合体中各组元之间的电磁性能，而且能够充分利用"核壳型"特殊结构改善和调整吸波性能。一方面可以利用羰基铁磁性强的优点改善铁氧体磁损耗不足的问题，另一方面则可以利用铁氧体电阻较高的特点改善羰基铁在高频段趋肤效应的影响，而且复合体中各组元之间存在协同作用而产生诸如界面效应等多种复合效应，有望获得性能优异的新型核壳吸收剂。此外，在微米级铁氧体表面沉积纳米级羰基铁壳层，有助于引入纳米粒子的表面效应和量子尺寸效应使吸波性能更进一步提高。

本章在微米级 NZMCF 和 SLFCF 核粒子表面包覆羰基铁制备铁氧体-羰基铁核壳粉体，通过改变沉积温度和沉积时间调控核壳粉体的形貌结构，从而有序调控吸波性能，利用电磁波理论结合反射衰减等高线作图法对核壳粉体进行吸波性能优化设计并分析其吸波机理，最终筛选出具有最佳吸波性能的

$Ni_{0.4}Zn_{0.2}Mn_{0.4}Ce_{0.06}Fe_{1.94}O_4$-羰基铁（NZMCF-CI）和 $Sr_{0.8}La_{0.2}Fe_{11.8}Co_{0.2}O_{19}$-羰基铁（SLFCF-CI）核壳粉体。

5.2 沉积温度对镍基铁氧体-羰基铁样品的结构性能影响

5.2.1 镍基铁氧体-羰基铁样品晶体结构分析

图 5.1 为不同沉积温度（160℃、190℃、220℃和 250℃）下样品的 XRD 图谱。由图中可见，当 2θ 分别在 18.4°、30.3°、35.7°、37.3°、43.4°、53.8°、57.4°、63.0°、71.5°、74.6° 和 75.6° 左右时，对应 $NiFe_2O_4$ 标准图谱（JCPDS 71-1269）的（111）、（220）、（311）、（222）、（400）、（422）、（511）和（440）晶面；2θ 在 44.6°左右，则对应 α-Fe（JCPD 06-0696）的（110）晶面衍射峰，谱图内无其他杂质峰出现，说明在本实验条件下成功制备 NZMCF-CI 复合粉体。随着沉积温度的升高，α-Fe 的（110）晶面衍射峰更加尖锐，取向生长明显，NZMCF 的衍射峰强度逐渐降低，表明 NZMCF-CI 样品中 CI 的含量逐渐增大。

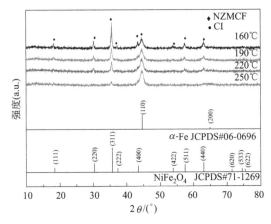

图 5.1 不同沉积温度下 NZMCF-CI 样品的 XRD 谱图

5.2.2 镍基铁氧体-羰基铁样品微观形貌分析

由 3.2.2 节中理论分析可知，沉积温度对 CI 壳层的形貌有着重要的影响。图 5.2 为不同沉积温度下样品的表面形貌 SEM 图。沉积温度在 160℃时，此时相变过冷度大，临界成核半径小，尽管晶体成核的速率很快，但是由于温度太低，此时成核速率大于晶核长大速率，导致 NZMCF 粉末表面只能沉积到很少的 CI 粒子，沉积的 CI 颗粒非常细小，能够清楚地看到大部分 NZMCF 粉体［图 5.2（a）］，对应 XRD 谱中 α-Fe 的特征峰较弱。随着沉积温度的升高，Fe（CO）$_5$ 气体获得的能量不断增加，活化分子分数增大、运动加剧，在 NZMCF 表面的气相分解反应速率也加快，晶核长大速率相应提高[139,140]。沉积温度为 190～220℃时，NZMCF 粉体表面 CI 颗粒继续长大增多，NZMCF 的特征衍射峰逐渐减弱，此时 XRD 谱中 α-Fe 的（110）特征峰显著增强；CI 由粒状排列逐渐形成连续致密薄膜，具有均匀的微观结构［图 5.2（b）和图 5.2（c）］。

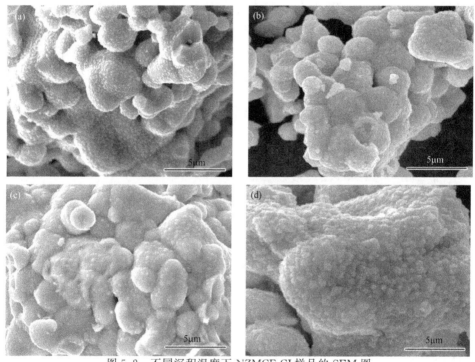

图 5.2　不同沉积温度下 NZMCF-CI 样品的 SEM 图
（a）160℃；（b）190℃；（c）220℃；（d）250℃

当沉积温度为 250℃时，CI 在 NZMCF 表面大量沉积形成珊瑚状且有少量颗粒异常长大［图 5.2（d）］，此时 CI 取向生长优势更加明显，XRD 谱中 NZMCF 的特征衍射峰几乎全部消失。这主要是由于沉积温度超过 250℃后，会使部分 Fe（CO）$_5$ 气体在尚未吸附在 NZMCF 基体表面时，在气相中就能够获得足够的能量而发生热分解产生固相 CI 颗粒，即产生气相成核现象[140]。沉积温度过高使得气相成核现象加剧，同时新相临界核心半径将增加，因而会使一部分在气相成核中生成的 CI 颗粒直接沉降到基体表面，使沉积层表面颗粒长大、呈疏松状，导致 CI 壳层形貌的恶化[140]。因此，沉积温度应控制在 220℃以内。

5.2.3 镍基铁氧体-羰基铁样品电磁参数分析

图 5.3 为 NZMCF、CI 及不同温度下 NZMCF-CI 样品的介电常数和磁导率随频率变化的示意图。由图 5.3（a）和图 5.3（b）可见，与单纯的 NZMCF 和 CI 粉体相比，NZMCF-CI 样品的介电常数产生了明显的改变，表现出多重共振现象。ε' 和 ε'' 随着沉积温度的升高呈增大趋势。由图 5.3（c）和图 5.3（d）可以看出，随着沉积温度的升高，样品的 μ' 会呈增大趋势，与单纯的 NZMCF 粉体相比，NZMCF-CI 复合粉体的 μ' 有所增大；与单纯的 CI 粉体相比，NZMCF-CI 复合粉体的 μ' 则改变不是很明显。μ'' 的变化明显，比单纯的 NZMCF 和 CI 均有很大的提高。由此说明，NZMCF-CI 复合粉体的磁损耗能力进一步增强。

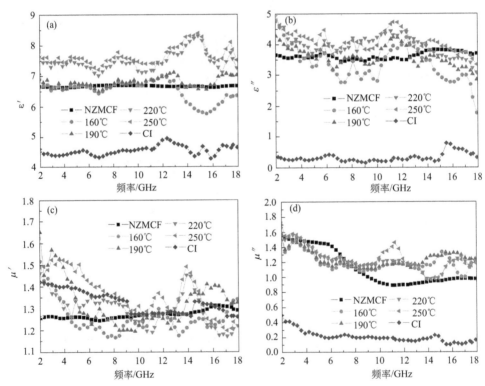

图 5.3　NZMCF、CI 及不同沉积温度下 NZMCF-CI 样品的
介电常数 [（a），（b）] 和磁导率 [（c），（d）]

5.2.4　镍基铁氧体-羰基铁样品吸波性能分析

图 5.4 所示为单纯 CI 样品及不同温度下 NZMCF-CI 样品的吸波性能与频率和厚度的关系。可见，随着沉积温度的升高，NZMCF-CI 样品的最小反射率呈先减小后增大的趋势。当沉积温度为 220℃ 时，与单纯 NZMCF 和 CI 样品相比，NZM-CF-CI 样品具有最佳的吸波性能（最小的反射率，最小的匹配厚度），表明将 CI 与 NZMCF 在微纳米尺度有效复合实现了取长补短的目的，能够获得具有优良吸波性能的新型吸收剂。结合形貌分析，可以最终确定最佳的沉积温度为 220℃。

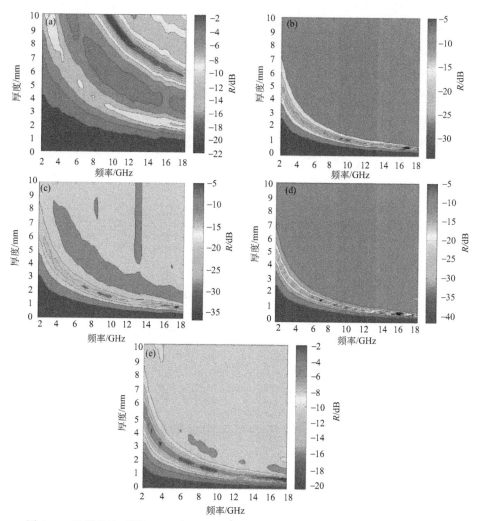

图 5.4　CI 样品及不同沉积温度下 NZMCF-CI 样品的吸波性能与频率和厚度的关系
(a) CI；(b) 160℃；(c) 190℃；(d) 220℃；(e) 250℃

5.3 沉积时间对镍基铁氧体-羰基铁样品的结构性能影响

5.3.1 镍基铁氧体-羰基铁样品晶体结构分析

图 5.5 为不同沉积时间下 NZMCF-CI 样品的 XRD 谱图。从图中可以看出，与 $NiFe_2O_4$ 标准图谱（JCPDS 71-1269）和 α-Fe（JCPDS 06-0696）标准图谱对比，所有样品在 $2\theta=44.6°$ 左右都具有择优取向明显的（110）晶面衍射峰，说明复合粉体中存在 α-Fe 相；剩余衍射峰分别对应 $NiFe_2O_4$ 标准图谱（JCPDS 71-1269）的（111）、（220）、（311）、（222）、（400）、（422）、（511）和（440）晶面；未发现其他物质的衍射峰存在。随着沉积时间的增加，NZMCF 各个晶面的衍射峰强度逐渐减弱，α-Fe 的（110）晶面的生长逐渐增强，说明通过改变沉积时间，可以有序调节 NZMCF-CI 复合粉体中 CI 的含量。通过对比样品沉积前后质量，由式（2-30）计算得到沉积时间分别为 10min、30min、50min、70min 时样品中 CI 在复合粉体中的质量分数分别为 16％、27％、33％和 40％。

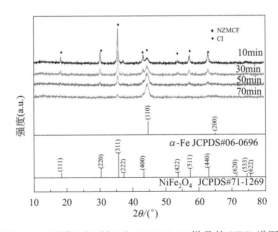

图 5.5 不同沉积时间下 NZMCF-CI 样品的 XRD 谱图

5.3.2 镍基铁氧体-羰基铁样品微观形貌分析

由 3.2.3 节分析可知，在温度、载气和压力一定的情况下，进入反应体系中的 $Fe(CO)_5$ 的量主要由沉积时间控制。图 5.6 所示为在最佳沉积温度 220℃，不同沉积时间（10min、30min、50min 和 70min）下 NZMCF-CI 样品的表面形貌 SEM 照片。当沉积时间为 10min 时，由于时间过短，导致进入反应器的 $Fe(CO)_5$ 的量较少，使得生成的 CI 颗粒的相对数量比较少，在

NZMCF 表面形成离散排列的纳米晶粒，平均粒径为 100nm 左右，此时复合粉体呈粒子包覆型核壳结构［图 5.6（a）］。当沉积时间为 30～50min 时，Fe（CO）₅ 气体进入反应体系中的量逐渐增多，在 NZMCF 颗粒表面原位生长的 CI 粒子的数量由此增加，在此过程中晶粒之间不断完成"吞并-融合"的过程，由离散粒状排列逐渐形成连续致密薄膜，实现了对 NZMCF 粒子的完全包覆，此时复合粉体呈薄膜包覆型核壳结构［图 5.6（b）和图 5.6（c）］。随着沉积时间的更进一步增加，NZMCF 表面 CI 晶粒之间的"吞并-融合"过程更加剧烈，膜层表面可见粒径在 240nm 左右的颗粒物，包覆层厚度显著增加［70min，图 5.6（d）］。由此可见，通过控制沉积时间可以调节 NZMCF-CI 复合粉体中 CI 的相对含量及调控核壳粉体的微观形貌。

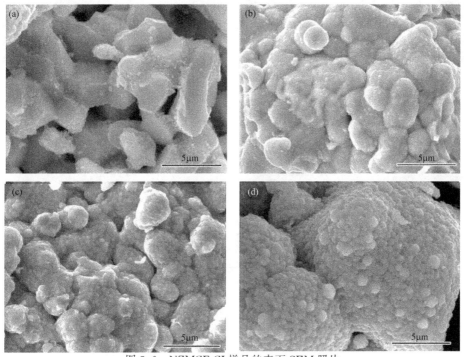

图 5.6　NZMCF-CI 样品的表面 SEM 照片

（a）10min；（b）30min；（c）50min；（d）70min

　　用 2.4.2 节中所述方法对 NZMCF-CI 核壳粉体进行处理后，利用 SEM 和 EDS 对沉积时间为 30min、50min 及 70min 样品的截面进行形貌和元素分析，如图 5.7 所示。由图 5.7（a）、（b）和（c）可见，NZMCF 颗粒与 CI 壳层有非常清晰的相边界，NZMCF 相为暗灰色，CI 相为亮白色，利用电子尺对壳层厚度进行测量，其平均厚度分别为 $0.361\mu m$、$0.782\mu m$ 及 $1.084\mu m$。

图 5.7（d）所示为沉积时间 30min 样品的 EDS 扫描图谱［图 5.7（a）中 A 处］，通过样品截面各元素的分布情况可以进一步确认包覆层为 CI。以 CI 壳层平均厚度为目标函数 y，沉积时间为变量 x 进行数据拟合可得：$y = 0.01808x - 0.16142$（$R^2 = 0.982$），如图 5.7（e）所示，表明在本工艺条件下，可以通过控制沉积时间有效调控 CI 壳层厚度。

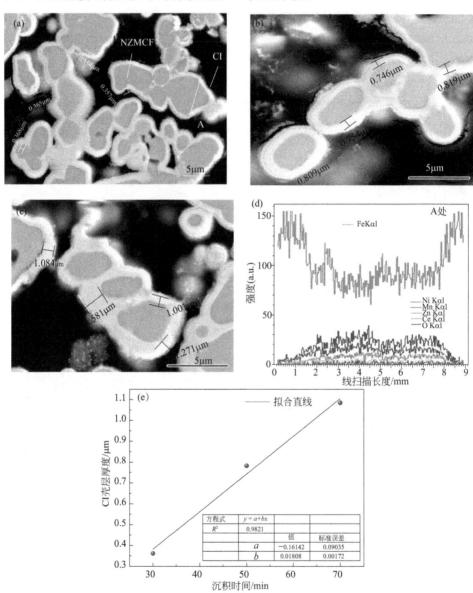

图 5.7　NZMCF-CI 样品的截面 SEM、EDS 分析及壳层厚度与沉积时间的线性拟合

（a）30min；（b）50min；（c）70min；（d）EDS；（e）线性拟合

5.3.3　镍基铁氧体-羰基铁样品电磁参数分析

图 5.8 为不同沉积时间 NZMCF-CI 样品的介电常数和磁导率在 2～18GHz 频段内变化示意图。由图 5.8（a）和图 5.8（b）可见，随着沉积时间的增加，样品的 ε' 和 ε'' 会逐渐增大，并在整个频段内呈现多重共振状态；ε' 的平均值由最初的 6.56 上升到 9.42，ε'' 的平均值由最初的 3.02 上升到 4.21。ε' 的变化与固有电偶极子取向极化和界面极化相关，在 NZMCF 表面沉积包覆 CI 壳层后，会在复合粉体中引入大量的界面极化，从而使 ε' 升高[114-117]。由电磁学理论可知，ε'' 的变化主要是由电导率发生改变引起[112]。材料的电导率升高则会引起 ε'' 增大。随着沉积时间的增加，沉积在 NZMCF 表面的 CI 颗粒逐渐增多，从而使复合粉体的电导率逐渐升高，增强介电损耗，宏观上表现为 ε'' 逐渐增大。但是，值得注意的是，沉积时间增加使复合粉体电导率升高，逐渐向"导体"过渡，趋肤效应会逐渐显现，并不利于电磁波的吸收[113]。

由图 5.8（c）可见，不同沉积时间样品的 μ' 数值差别不大，在 2～10GHz 内 μ' 整体呈现下降趋势，在 10～18GHz 时 μ' 呈多重共振态，数值分布在 1.18～2.42 之间。由图 5.8（d）可见，μ'' 在整个 2～18GHz 频段内呈多重共振态，数值分布在 1.95～2.86 之间。由 2.2.1 节理论分析可知，畴壁位移、自然共振及涡流损耗是造成 NZMCF-CI 复合粉体磁导率变化和产生磁损耗的主要因素[118-120]。铁氧体和 CI 的单畴临界尺寸在微米级[174]。由 SEM 分析可知，复合粉体尺寸接近于单畴临界尺寸，畴壁位移产生的损耗会非常小。因此，NZMCF-CI 磁导率的变化主要由自然共振和涡流损耗引起。如果只有涡流损耗导致的变化，则 $f^{-1}(\mu')^{-2}\mu''$ 的数值为常数[175]。图 5.8（e）所示为 NZMCF-CI 的 $f^{-1}(\mu')^{-2}\mu''$ 值与频率 f 的关系。可见，在 2～12GHz 内，其数值随频率升高呈下降趋势，NZMCF-CI 的磁损耗以自然共振为主；在 12～18GHz 内，其数值随频率升高变化不大，可以认为其磁损耗以涡流损耗为主。所以，复合粉体的磁损耗主要是涡流损耗及自然共振共同作用的结果。通常铁氧体在微波频段对电磁波的磁损耗以自然共振为主，在 NZMCF-CI 复合粉体中引入涡流损耗，有利于增大电磁波的吸收。

5.3.4　镍基铁氧体-羰基铁样品吸波性能分析

铁氧体基吸收剂的阻抗匹配性能较好，因而提高其衰减特性就成为首要目标[161]。可由式（2-21）计算得到不同沉积时间 NZMCF-CI 样品的衰减常数

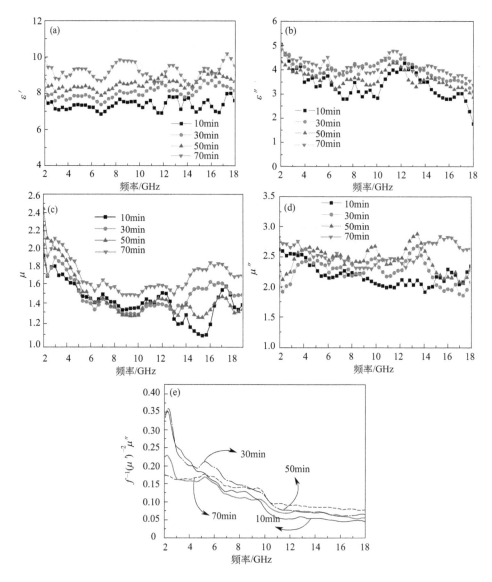

图 5.8　不同沉积时间 NZMCF-CI 的介电常数 [(a), (b)]、

磁导率 [(c), (d)] 及 $f^{-1}(\mu')^{-2}\mu''$ 值与频率关系 (e)

如图 5.9 所示。由图可见，复合粉体的衰减常数整体上要大于单纯的 NZMCF
（参见第 4 章），表明复合粉体对电磁波的损耗能力得到加强。随着沉积时间
的增加，NZMCF-CI 样品的衰减常数则不断增大。但是，当沉积时间大于
50min 时，衰减常数增加的趋势明显变慢。结合形貌分析可知，当沉积时间
超过 50min 时，CI 壳层的厚度接近趋肤深度，从而使电磁波在核壳粉体内的

传播距离变短，导致电磁波的衰减变缓。

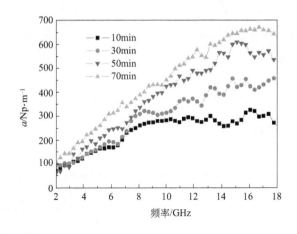

图 5.9　不同沉积时间下 NZMCF-CI 样品的衰减常数

　　图 5.10 所示为不同沉积时间下 NZMCF-CI 样品的吸波性能与频率和厚度的关系。随着沉积时间的增加，样品的最小反射率呈先减小后增大的趋势，峰位逐渐向低频移动。沉积时间太短时，复合粉体中 CI 较少，复合效应较弱，因而吸波性能相对较差；随着沉积时间的增加，CI 壳层的厚度逐渐增大（图 5.7），复合效应显现，吸波性能达到最佳；沉积时间太长，则会导致 NZMCF-CI 样品的吸波性能受到趋肤效应的影响而恶化。在微波频段内，CI 的平均趋肤深度约在微米级。沉积时间为 70min 时，CI 壳层的平均厚度接近 CI 的平均趋肤深度［图 5.7（c）］，趋肤效应导致 NZMCF-CI 样品的吸波性能恶化。另一方面，介电常数随着沉积时间的增加而增大［如图 5.8（a）］，会影响样品与自由空间之间的阻抗匹配，使得电磁波进入吸波材料变得困难。沉积时间为 50min 时（CI 在核壳粉体中的质量分数为 33%），NZMCF-CI 样品具有最佳的吸波性能。与单纯 NZMCF 和 CI 粉体相比，NZMCF-CI 复合粉体的匹配厚度和吸收强度均得到了明显改善。

　　为了更加直观地反映沉积时间为 50min 时 NZMCF-CI 的吸波效果，根据传输线理论[124,125,127]，结合测试得到的电磁参数，由式（2-28）和式（2-29）计算了厚度为 0.8~2.6mm 之间样品的反射率，如图 5.11 所示。随着厚度的增加，反射率峰值逐渐向低频移动，反射率峰值先减少后增加。当厚度为 1.8mm 时，反射率最小值为 −39.9dB，小于 −10dB 时的吸波带宽为 14.2GHz（3.8~18GHz）。当涂层厚度为 0.8~2.6mm 时，在 3.2~18GHz

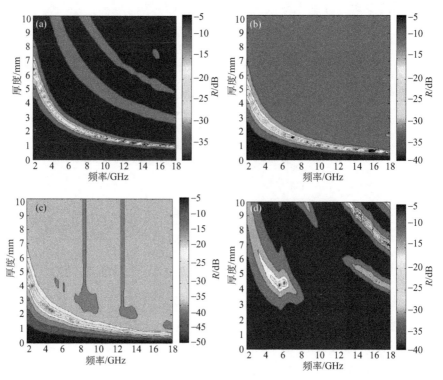

图 5.10　不同沉积时间下 NZMCF-CI 样品的吸波性能与频率和厚度的关系

（a）10min；（b）30min；（c）50min；（d）70min

均能实现吸波强度低于－20dB，在 2.5～18GHz 均能实现吸波强度低于－10dB。

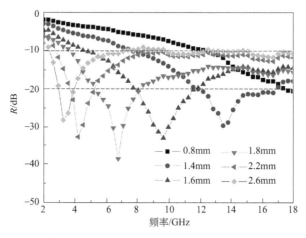

图 5.11　沉积时间为 50min 时 NZMCF-CI 样品在不同厚度下的反射率曲线

5.4 沉积温度对锶基铁氧体-羰基铁样品的结构性能影响

5.4.1 锶基铁氧体-羰基铁样品晶体结构分析

图 5.12 为不同沉积温度下（160℃、190℃、220℃和250℃）SLFCF-CI 样品的 XRD 谱图。由图可见，当 2θ 分别在 23.1°、30.3°、32.3°、34.1°、37.1°、40.3°、42.5°、55.2°、56.9°、63.1°、67.7°和72.7°左右时，分别对应 $SrFe_{12}O_{19}$ 标准卡片（JCPDS 33-1340）的（006）、（110）、（107）、（114）、（203）、（205）、（206）、（217）、（2011）、（220）、（2014）和（317）晶面；2θ 在 44.6°左右时，对应 $\alpha\text{-Fe}$（JCPDS 06-0696）（110）晶面的衍射峰，除此之外，谱图内无其他杂质峰出现。随着沉积温度的升高，$\alpha\text{-Fe}$（110）晶面的特征衍射峰更加尖锐，取向生长明显，SLFCF 的衍射峰强度逐渐降低，表明 SLFCF-CI 样品中 CI 的含量逐渐增大。

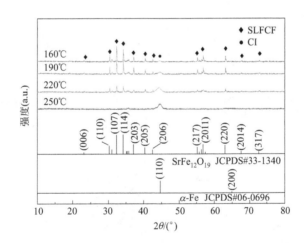

图 5.12 不同沉积温度下 SLFCF-CI 核壳粉体的 XRD 谱图

5.4.2 锶基铁氧体-羰基铁样品微观形貌分析

当沉积温度较低时（160～190℃），由 3.2.2 节中理论分析可知，此时相变过冷度大，虽然晶体成核的速率很快，但是由于温度太低，此时成核速率大于晶核长大速率，所以 SLFCF 表面的 CI 颗粒较均匀细小，呈弥散状分布，未形成完整的包覆层［见图 5.13（a）和图 5.13（b）］。随着沉积温度的升高（220℃），临界成核自由能下降，形成的核心数目增加，成核的速率要小于晶核成长速率，晶体之间开始不断聚集和融合，这时有利于形成晶粒细小而连续的涂层组织，所以该温度下沉积的壳层相对光滑平整［见图 5.13（c）］，XRD 谱（图 5.12）中 α-Fe（110）晶面取向生长明显增强。沉积温度升高到 250℃，气相成核现象加剧，同时新相临界核心半径将增加，因此沉积的 CI 壳层显得很粗糙，颗粒呈瘤状，涂层表面如图 5.13（d）所示。因此，综合考虑 CI 壳层形貌，沉积温度应控制在 220℃。

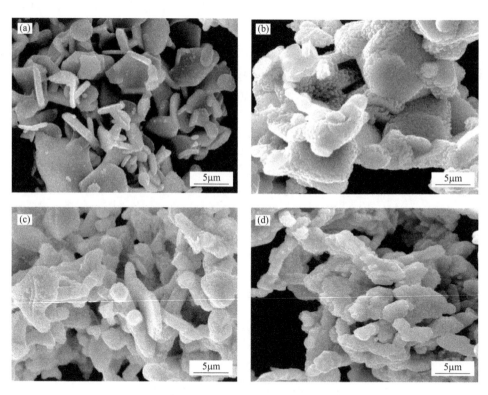

图 5.13　不同沉积温度下 SLFCF-CI 核壳粉体的 SEM 图
(a) 160℃；(b) 190℃；(c) 220℃；(d) 250℃

5.4.3　锶基铁氧体-羰基铁样品电磁参数分析

图 5.14 为 CI、SLFCF 及不同沉积温度下 SLFCF-CI 样品的介电常数和

磁导率随频率变化的示意图。与 NZMCF-CI 复合粉体电磁参数不同的是，SLFCF-CI 的介电常数和磁导率在整个频段内未呈现多重共振状态。这可能是由于核粒子的不同引起。由磁性分析可知，NZMCF 是一种软磁材料，而 SLFCF 为硬磁材料，由此导致与 CI 复合后电磁参数的不同。由图 5.14（a）和图 5.14（b）可见，SLFCF-CI 样品的 ε' 和 ε'' 均比单纯的 SLFCF 和 CI 有所增加，并且随着沉积温度的升高而增大，表明复合粉体的介电损耗有所提高。由图 5.14（c）和图 5.14（d）可见，SLFCF-CI 样品的 μ' 和 μ'' 随着频率的增加，呈现出缓慢下降趋势。与单纯 CI 和 SLFCF 相比，μ' 的变化不大。μ'' 则随着沉积温度的升高不断增大，与单纯 CI 和 SLFCF 相比有一定程度的提高，表明复合粉体具有较好的磁损耗。

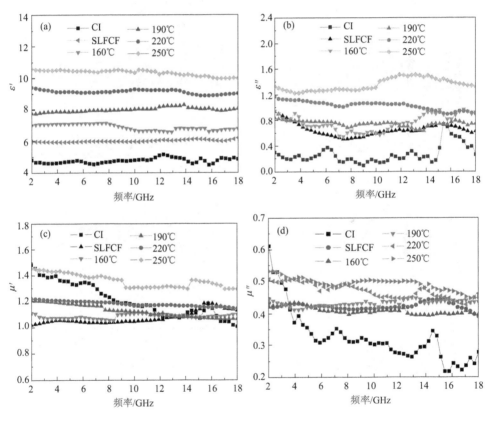

图 5.14　CI、SLFCF 及不同温度下 SLFCF-CI 样品的
介电常数［（a），（b）］和磁导率［（c），（d）］

5.4.4 锶基铁氧体-羰基铁样品吸波性能分析

图 5.15 所示为不同沉积温度下 SLFCF-CI 样品的吸波性能与频率和厚度的关系。与 NZMCF-CI 的吸波性能变化类似，随着沉积温度的提高，SLF-CF-CI 样品的最小反射率呈先减小后增大的趋势，峰位逐渐向低频移动。与单纯 CI 和 SLFCF 样品的反射率［见图 5.4（a）和图 4.31］相比，沉积温度为 220℃时，样品具有最小的反射率和匹配厚度，表明将 CI 与 SLFCF 在微纳米尺度有效复合能够获得具有优良吸波性能的新型吸收剂。结合形貌分析，可以最终确定最佳的沉积温度为 220℃。

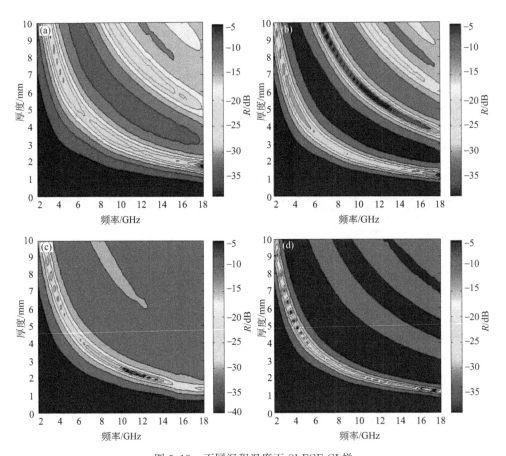

图 5.15 不同沉积温度下 SLFCF-CI 样
品的吸波性能与频率和厚度的关系
(a) 160℃；(b) 190℃；(c) 220℃；(d) 250℃

5.5 沉积时间对锶基铁氧体-羰基铁样品的结构性能影响

5.5.1 锶基铁氧体-羰基铁样品晶体结构分析

图 5.16 所示为不同沉积时间（10min、30min、50min 和 70min）下样品的 XRD 谱图。将样品 XRD 谱与 $SrFe_{12}O_{19}$（JCPDS 33-1340）和 α-Fe（JCPDS 06-0696）标准谱对比可知，图中所有衍射峰都属于 SLFCF 和 CI，没有其他杂质相产生。2θ 在 44.6°左右时，样品均出现了 α-Fe（110）晶面的特征峰，择优生长明显。随着时间的增加，SLFCF 的特征衍射峰逐渐减弱，同时 α-Fe（110）晶面衍射峰不断增强，表明通过调节时间可以有效控制 CI 在复合粉体中的质量分数。通过对比试样前后质量，由式(2-30) 可以计算得到试样中 CI 的质量分数。沉积时间为 10min、30min、50min、70min 时样品中 CI 的质量分数分别为 17%、26%、31% 和 39%。

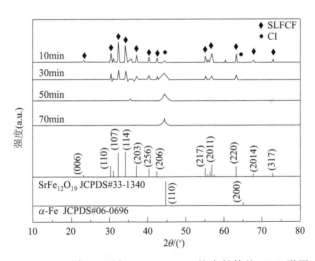

图 5.16　不同沉积时间下 SLFCF-CI 核壳粉体的 XRD 谱图

5.5.2 锶基铁氧体-羰基铁样品微观形貌分析

图 5.17 所示为不同沉积时间下 SLFCF-CI 核壳粉体表面形貌的 SEM 分析。由图 5.17（a）可知，沉积时间为 10min 时，进入反应体系中的

Fe(CO)₅ 的量较少，SLFCF 表面相对比较纯净，边缘可见细小纳米级颗粒分布，粒径在 100nm 左右，此时生成的 SIFCF 为粒子包覆型核壳粉体。由图 5.17（b）和图 5.17（c）可知，沉积时间为 30min 和 50min 时，随着进入反应体系中的 Fe（CO）₅ 的增多，在此过程中晶粒之间不断完成"吞并-融合"的过程，SLFCF 表面被连续致密的 CI 薄膜包覆，形成了薄膜包覆型核壳粉体。CI 壳层厚度随着沉积时间的增加而逐渐变厚。当沉积时间达到 70min 时，SLFCF 表面 CI 晶粒之间的"吞并-融合"过程更加剧烈，通过 SEM 观察已经无法看到 SLFCF 的六面体片状结构，包覆层厚度显著增加，复合粉体整体呈现出"珊瑚"状结构［见图 5.17（d）］。

用 2.4.2 节中所述方法对 SLFCF-CI 核壳粉体进行处理后，进行核壳粉体截面分析。图 5.18 所示为沉积时间 30min、50min 及 70min 时样品的截面 SEM 照片及 EDS 分析谱图。由图 5.18（a）、（b）和（c）可见，SLFCF 颗粒与 CI 壳层两相边界清晰，暗灰色的 SLFCF 相被连续致密的亮白色 CI 相包覆，壳层整体厚度均匀。利用电子尺测量，得到样品壳层的平均厚度分别为 0.527μm、0.793μm 和 0.942μm 左右。图 5.18（d）为沉积 70min 时样品［图 5.18（c）中 A 处］壳层的 EDS 分析谱图，通过元素分布情况可以进一步确认壳层为 CI。以 CI 壳层平均厚度为目标函数 y，沉积时间为变量 x，经过

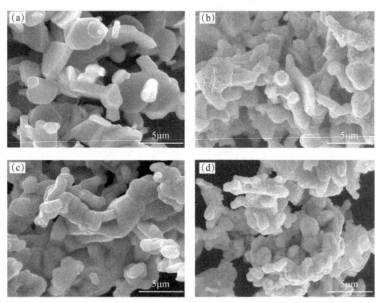

图 5.17　不同沉积时间下 SLFCF-CI 样品表面的 SEM 照片

（a）10min；（b）30min；（c）50min；（d）70min

数据拟合可得：$y = 0.0103x + 0.2352$（$R^2 = 0.948$），如图 5.18（e）所示，表明在本工艺条件下，可以通过控制沉积时间有效地调控 CI 壳层厚度。

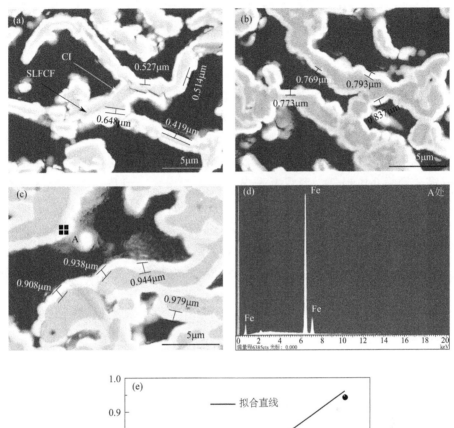

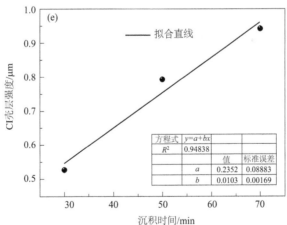

图 5.18　不同沉积时间下 SLFCF-CI 样品截面的 SEM、EDS 分析及
壳层厚度与沉积时间的线性拟合

（a）30min；（b）50min；（c）70min；（d）EDS；（e）线性拟合

5.5.3 锶基铁氧体-羰基铁样品电磁参数分析

图 5.19 所示为不同沉积时间得到的 SLFCF-CI 复合粉体的介电常数和磁导率在 2~18GHz 频段内的变化。由图 5.19（a）和图 5.19（b）可见，样品的 ε' 和 ε'' 会随着沉积时间的增加而逐渐增大，ε' 的数值分布在 8.1~11.2 之间，ε'' 的数值分布在 0.6~1.45 之间。ε' 的变化与固有电偶极子取向极化和界面极化相关，在微米级 SLFCF 表面沉积包覆纳米 CI 壳层后，随着沉积时间的增加，纳米 CI 壳层逐渐变厚，会在复合粉体中引入大量的界面极化，从而使 ε' 升高[114-117]。ε'' 的变化则主要是由电导率升高引起[112]。随着沉积时间的增加，沉积在 SLFCF 表面的 CI 颗粒逐渐增多，从而使复合粉体的电导率逐渐升高，增强介电损耗，宏观上表现为 ε'' 逐渐增大。但是，复合粉体的电导率持续增大会使趋肤效应会逐渐显现，并不利于电磁波的吸收[113]。

由图 5.19（c）和图 5.19（d）可见，μ' 随着沉积时间的增加而逐渐增大，平均数值分布在 1.15~1.46 之间；μ'' 则随着沉积时间的增加先增大后减小，在沉积时间为 50min 达到最大，其平均值为 0.56。由 5.3.3 节分析可知，SLFCF-CI 磁导率的变化主要由自然共振和涡流损耗引起[118-120]。如果只有涡流损耗导致的变化，则 $f^{-1}(\mu')^{-2}\mu''$ 的数值为常数，不会随着频率改变而发

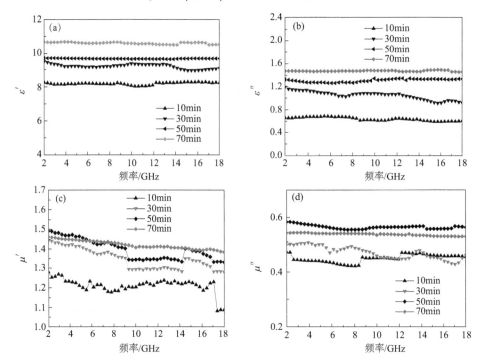

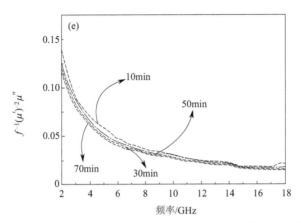

图 5.19 不同沉积时间下 SLFCF-CI 样品介电常数 [(a),(b)]、磁导率 [(c),(d)]
及 f^{-1} $(\mu')^{-2}\mu''$ 值与频率的关系（e）

生变化。图 5.19（e）为 SLFCF-CI 的 f^{-1} $(\mu')^{-2}\mu''$ 值与频率 f 的关系。可见，在 2～14GHz 内，随着频率的升高，其数值表现出下降的趋势，因此可以排除涡流损耗，即 SLFCF-CI 的磁损耗主要为自然共振为主；在 14～18GHz 内，随着频率的升高，其数值变化不大，可以认为其磁损耗以涡流损耗为主。所以，SLFCF-CI 复合粒子的磁损耗主要是涡流损耗及自然共振共同作用的结果。

5.5.4 锶基铁氧体-羰基铁样品吸波性能分析

不同沉积时间 SLFCF-CI 样品的衰减常数可由公式（2-21）计算得到。由图 5.20 可见，SLFCF 表面沉积 CI 后，衰减常数得到了明显提高。随着沉积

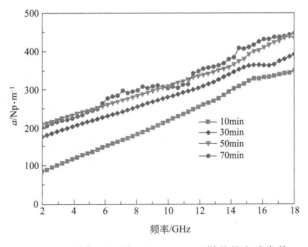

图 5.20 不同沉积时间下 SLFCF-CI 样品的衰减常数

时间的增加，SLFCF-CI 样品的衰减常数随之增大，但是当沉积时间超过 50min 后，其增大趋势变缓。由 5.5.2 节中形貌分析可知，沉积时间超过 50min 后，CI 壳层的厚度接近微米级，由此导致趋肤效应显现，使得电磁波的衰减变缓。

图 5.21 所示为不同沉积时间下 SLFCF-CI 样品的吸波性能与频率和厚度的关系。随着沉积时间的增大，样品的最小反射率呈先减小后增大的趋势，沉积时间为 50min 时（CI 在核壳粉体中的质量分数为 31%），样品有最小的反射率和匹配厚度。与 NZMCF-CI 样品类似，SLFCF-CI 样品的吸波性能并不是随着 CI 在核壳粉体中质量分数的增加而提高。由前文分析可知，核壳粉体中过量的 CI 会导致吸波性能降低的原因主要是：一方面 CI 壳层厚度的增加会导致吸波性能受到趋肤效应的影响而恶化，另一方面介电常数随着 CI 质量分数的增加而增大会在一定程度上影响样品与自由空间之间的阻抗匹配。

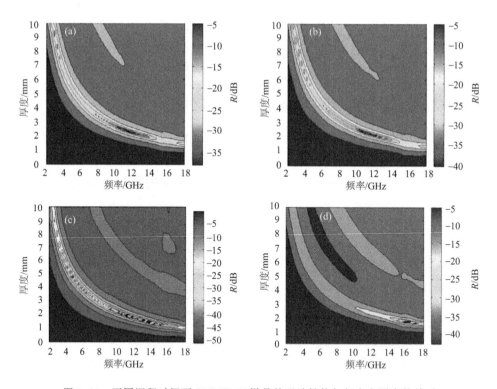

图 5.21　不同沉积时间下 SLFCF-CI 样品的吸波性能与频率和厚度的关系
(a) 10min；(b) 30min；(c) 50min；(d) 70min

根据传输线理论[124,125,127]，由式(2-28)和式(2-29)计算了 SLFCF-CI 样品（沉积时间为 50min）在厚度为 0.8～2.9mm 时反射率的变化，如图 5.22 所示。随着厚度的增加，反射率峰值逐渐向低频移动，反射率峰值先减少后增加。在厚度为 1.2mm 时，达到最小值为 −44.7dB（11.1GHz），小于 −10dB 的吸波带宽为 5.4GHz（8.8～14.2GHz）。涂层厚度为 0.4～1.8mm 时，在 7.3～18GHz 均能实现吸波强度低于 −20dB，在 6.0～18GHz 均能实现吸波强度低于 −10dB。

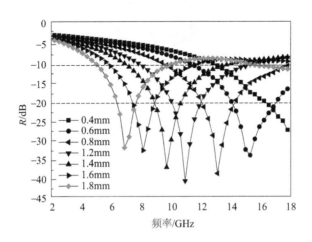

图 5.22　SLFCF-CI 样品（沉积时间 50min）在不同厚度下的反射率曲线

5.6　羰基铁壳层质量分数对电磁性能的影响

如前分析，在铁氧体-羰基铁核壳结构复合粉体中，羰基铁壳层的厚度即质量分数对电磁参数有着非常明显的影响。因而，研究壳层质量分数与复合粉体电磁参数之间的对应关系，就可以分析比较电磁参数的变化情况，同时可以对复合粉体的吸波性能进行大致预测，从而为今后制备同类型复合粉体提供参考。为了研究简单，假设所制备的铁氧体-羰基铁核壳结构复合粉体为球状复合且壳层完全包覆核粒子，厚度均匀，模型如图 5.23 所示。

由文献可知，球形核壳型复合粉体的等效介电常数和等效磁导率为[176-177]：

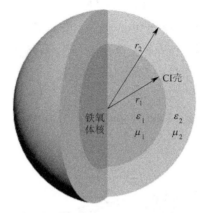

图 5.23　铁氧体-羰基铁核壳粉体电磁参数计算的等效模型

$$\varepsilon_{\text{eff}} = \cfrac{\varepsilon_{\text{r1}} \varepsilon_{\text{r2}}}{\left[1 - \left(\cfrac{r_1}{r_2}\right)^3\right] \varepsilon_{\text{r1}} + \left(\cfrac{r_1}{r_2}\right)^3 \varepsilon_{\text{r2}}} \tag{5-1}$$

$$\mu_{\text{eff}} = \left(\cfrac{r_1}{r_2}\right)^3 \mu_{\text{r1}} + \cfrac{2\left[1 - \left(\cfrac{r_1}{r_2}\right)^3\right]}{2 + \left(\cfrac{r_1}{r_2}\right)^3} \mu_{\text{r2}} \tag{5-2}$$

式中，r_1 为核的半径；r_2 为复合粉体的半径。假设铁氧体-羰基铁核壳结构吸收剂中，羰基铁壳粒子的质量分数为 x，则核粒子的质量分数为 $1-x$。令 ρ_1 为核粒子的密度，ρ_2 为壳粒子的密度，则：

$$\left(\frac{r_1}{r_2}\right)^3 = \frac{\rho_2(1-x)}{\rho_2 - (\rho_2 - \rho_1)x} \tag{5-3}$$

代入式(5-1) 和式(5-2) 中，经过运算即可以得到复合粉体电磁参数和壳层质量分数之间的关系：

$$\varepsilon_{\text{eff}} = \cfrac{\rho_1(1-x) + \rho_2 x}{\left(\cfrac{\rho_1}{\varepsilon_2}\right)(1-x) + \left(\cfrac{\rho_2}{\varepsilon_1}\right)x} \tag{5-4}$$

$$\mu_{\text{eff}} = \cfrac{\rho_2 x}{\rho_1(1-x) + \rho_2 x} \mu_{\text{r1}} + \cfrac{2\rho_1(1-x)}{2\rho_1(1-x) + 3\rho_2 x} \mu_{\text{r2}} \tag{5-5}$$

　　将镍基铁氧体和羰基铁的密度及两者的电磁参数代入式(5-4) 和式(5-5)，即可以计算出核壳粉体的电磁参数随着羰基铁壳层质量分数的变化，如图 5.24 所示。

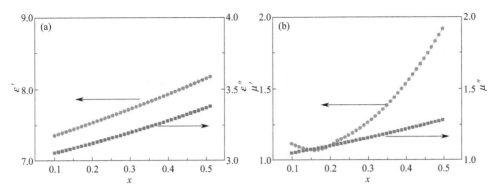

图 5.24　镍基铁氧体-羰基铁核壳粉体介电常数（a）和磁导率（b）
随壳层质量分数变化趋势

　　由图 5.24 可见，复合粉体的介电常数随着羰基铁壳层质量分数的增加而变大，复合粉体的磁导率实部随着羰基铁壳层质量分数的增加，在 x 小于 0.16 的时候呈现下降趋势，而后呈增加趋势，虚部则呈现增加趋势，这和图 5.19 中电磁参数变化的趋势基本一致。分析表明，复合粉体的电磁参数可以通过壳层质量分数进行有效调控。在此基础上，设定涂层厚度为 2mm，在式（2-28）和式（2-29）中代入羰基铁壳层质量分数不同的复合粉体的电磁参数，即可以得到其吸波性能变化与羰基铁壳层质量分数的关系，如图 5.25 所示。可见，随着壳层质量分数的增加，最小反射率先减小后增大，壳层质量分数为 30% 时，吸波性能最好。由此表明，一味地增加壳层质量并不能使吸波性能持续改善，核粒子与壳粒子之间存在着一个合适的比例，从而使复合效应能够最大化，取得最佳的吸波性能。但是，由于未在模型中考虑核壳之间的

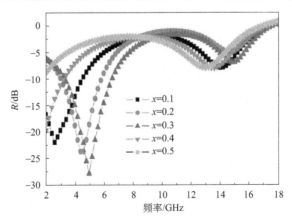

图 5.25　镍基铁氧体-羰基铁核壳粉体反射率随壳层质量分数变化趋势

界面效应和粉体的形状效应，导致预测的电磁参数数值和反射率峰值和峰位和实测得数据仍有较大差异。

5.7　铁氧体-羰基铁核壳吸收剂吸波机理分析

在微米级铁氧体表面生长纳米级的羰基铁壳层得到具有核壳结构的复合粉体，实现了二者吸波性能的取长补短，利用二者形成的协同效应，铁氧体-羰基铁核壳粉体取得了优良的吸波性能。由理论分析可知，其主要的吸波机理如图 5.26 所示。主要包括以下几个方面：

① 在铁氧体表面沉积纳米羰基铁壳层后，由于表面效应使界面极化增强；而且复合粉体的电阻率发生了改变，使铁氧体-羰基铁复合粉体的电损耗能力得到极大增强。

② 在铁氧体表面沉积纳米羰基铁壳层后，在高频段引入涡流损耗，形成自然共振与涡流损耗共同作用于电磁波的吸收，拓宽了吸波带宽，加强了铁氧体-羰基铁复合粉体的磁损耗能力。

③ 铁氧体-羰基铁复合粉体的"核壳结构"会增加电磁波在吸收剂传输过程中的波程长，从而增大对电磁波的损耗。

④ 纳米羰基铁壳层的表面效应会增强多重散射，量子尺寸效应会为电磁波吸收提供新的途径，从而增强吸波性能。

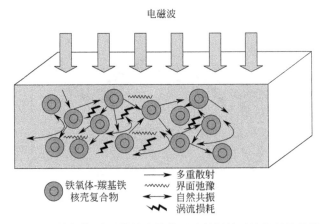

图 5.26　铁氧体-羰基铁核壳结构吸波材料的吸波机理示意图

5.8 小结

本章在微米级铁氧体表面生长微纳米级羰基铁壳层，通过控制沉积温度和沉积时间，调控核壳形貌和吸波性能，得到了具有核壳结构的铁氧体-羰基铁复合吸收剂，利用 XRD、SEM、EDS 及 VNA 等分析手段，重点研究了沉积温度和沉积时间对铁氧体羰基铁核壳粉体微观形貌、晶体结构、电磁参数及吸波性能的影响，主要结论如下：

① 沉积温度和沉积时间对铁氧体-羰基铁核壳粉体的微观结构和吸波性能有着重要的影响。沉积温度较低时（160～190℃），由于反应速率较低导致在铁氧体表面原位生长的羰基铁颗粒较少，少量羰基铁呈细小弥散状分布在铁氧体边缘，呈粒子包覆型核壳结构；随着沉积温度升高（220～250℃），反应速率进一步加快，沉积到铁氧体表面的羰基铁颗粒互相"吞并-融合"，形成了形貌良好的薄膜包覆型核壳结构；沉积温度太高时（250℃）会造成铁氧体表面羰基铁壳层形貌的恶化。以核壳形貌及吸波性能为考察指标，最终确定最佳的沉积温度为 220℃，铁氧体-羰基铁核壳粉体具有最佳的形貌及吸波性能。

② 沉积温度为 220℃ 时，通过调节沉积时间控制进入反应系统的 $Fe(CO)_5$ 的量，在微米级铁氧体核粒子表面实现了羰基铁壳层厚度在微纳米尺度上的线性调控。不同类型的铁氧体基体上沉积的羰基铁壳层厚度相差较小，表明本工艺制备过程具有很好的稳定性。通过控制羰基铁壳层厚度即可调控核壳粉体的吸波性能。沉积时间太短时，生长在铁氧体表面的羰基铁粒子较少，铁氧体与羰基铁壳层之间的协同效应不明显；沉积时间太长，羰基铁壳层厚度的增加会使趋肤效应显现及匹配性能下降。沉积温度为 220℃，沉积时间为 50min 时，铁氧体-羰基铁核壳粉体具有最佳的形貌及吸波性能。

③ 具有最佳形貌和吸波性能的 NZMCF-CI 核壳粉体中壳层厚度为 $0.782\mu m$，羰基铁在核壳粉体中的质量分数为 33%，匹配厚度为 1.8mm 时，反射率最小值为 $-39.9dB$，小于 $-10dB$ 时的吸波带宽为 14.2GHz（3.8～18GHz），涂层厚度为 0.8～2.6mm 时，在 3.2～18GHz 均能实现吸波强度低于 $-20dB$，在 2.5～18GHz 均能实现吸波强度低于 $-10dB$。

具有最佳形貌和吸波性能的 SLFCF-CI 核壳结构复合粉体中壳层厚度为 $0.793\mu m$，羰基铁在核壳粉体中的质量分数为 31%，匹配厚度为 1.8mm 时，反射率最小值为 $-44.7dB$（11.1GHz），小于 $-10dB$ 时的吸波带宽为 5.4GHz

（8.8～14.2GHz）。涂层厚度为0.8～2.6mm时，在7.3～18GHz均能实现吸波强度低于－20dB，在6.0～18GHz均能实现吸波强度低于－10dB。研究表明，在铁氧体表面生长羰基铁壳层后吸波性能得到了显著的提升。

④ 利用球形结构模型，定性分析铁氧体-羰基铁核壳粉体中羰基铁壳层质量分数与电磁参数及吸波性能之间的关系。计算结果证实，该模型能够反映电磁参数和吸波性能随着羰基铁壳层质量分数增加的变化趋势且基本与测试数据变化趋势吻合，并且能够给出电磁参数和反射率的变化范围。但是，由于未在模型中考虑核壳之间的界面效应和粉体的形状效应，导致预测的电磁参数数值以及反射率峰值、峰位和实测数据仍有较大差异。因此，在模型中加入界面效应和形状结构因子是今后研究中的重点。

⑤ 吸波机理分析表明，铁氧体-羰基铁复合粉体吸波性能显著提升的主要原因为：在铁氧体表面沉积纳米羰基铁壳层后，由于复合粉体的电阻率发生改变和表面效应，使铁氧体-羰基铁复合粉体的电损耗能力得到极大增强；在高频段引入涡流损耗，形成自然共振与涡流损耗共同作用于电磁波的吸收，拓宽了吸波带宽，加强了铁氧体-羰基铁复合粉体的磁损耗能力。铁氧体-羰基铁复合粉体的"核壳结构"会增加电磁波在吸收剂传输过程中的波程长，从而增大对电磁波的损耗。纳米羰基铁壳层的表面效应会增强多重散射，量子尺寸效应会为电磁波吸收提供新的途径，从而增强吸波性能。

本章制备的铁氧体-羰基铁核壳结构复合粉体的吸波频带宽，吸收强度大，匹配厚度小，初步实现了"薄、宽、强"的目的。从吸波带宽和吸波强度综合来看，NZMCF-CI的吸波性能好于SLFCF-CI。

6

碳材料-羰基铁核壳粉体的形貌结构及吸波性能分析

6.1 引言

碳纤维（CF）和碳纳米管（CNTs）是当今碳系吸收剂研究的重要支撑。然而，CF 和 CNTs 的介电常数较大，不具有磁性，单独使用时存在阻抗匹配特性较差、吸波频带窄等缺点。为了进一步改善其性能，增加其对电磁波的吸收能力，使其优异的力学、电学性能得到充分发挥，通常将其与磁性吸收剂复合制成磁性复合吸收剂。如 1.2.2 节中所述，这些复合吸收剂中，在碳材料表面包覆 Ni、Co 等磁性金属吸收剂制备成核壳结构复合吸收剂，是目前值得关注的热点研究方向。

尽管前文制备的铁氧体-羰基铁核壳粉体具有优秀的吸波性能，基本实现了"薄、宽、强"的目的。但是由于其密度仍然较大，限制了其在要求轻质领域的应用。在众多的磁性金属吸收剂当中，羰基铁粉的吸波性能是公认最为突出的。采用质轻的碳材料，在其表面包覆羰基铁，从而实现两者之间性能的取长补短，一方面可使碳材料吸收剂具有磁损耗，另一方面可以获得密度小于羰基铁的复合粉体，从而有望得到替代纯羰基铁吸收剂的理想轻质复合吸收剂。

本章在微米级 CF 及纳米级 CNTs 表面生长羰基铁壳层，制备碳纤维-羰基铁（CF-CI）和碳纳米管-羰基铁（CNTs-CI）核壳粉体。通过改变沉积温度和沉积时间调控核壳粉体的形貌结构，从而有序调控吸波性能，利用电磁波理论结合反射衰减等高线作图法对核壳粉体进行吸波性能优化设计并分析其吸波机理，最终优选出具有最佳吸波性能的复合粉体。

6.2 沉积温度对碳纤维-羰基铁样品结构性能影响分析

6.2.1 碳纤维-羰基铁样品形貌结构分析

图 6.1 所示为 CF 及不同沉积温度（180℃、210℃、240℃及270℃）下 CF-CI 核壳粉体的形貌分析 SEM 图和 XRD 谱，图 6.1（b）、（c）、（d）和（e）中插图为不同沉积温度 CF-CI 复合粉体的截面 SEM 图。由图 6.1（a）可见，预处理后的 CF 表面有少量的凹槽，粗糙度增大，有利于后续羰基铁的沉积。由图 6.1（b）可见，当沉积温度过低时（180℃），新相形成的临界成核半径较小，成核速率大于晶体长大速率，因此导致 CF 表面仅见离散细小的羰基铁颗粒，未形成完整的核壳结构，此时样品 XRD 谱显示 2θ 在 $20°\sim30°$ 范围内有一个明显的"馒头峰"，为 C（002）晶面的衍射峰，衍射峰宽化，说明沉积到 CF 表面的羰基铁较少；在 $2\theta=44.6°$ 左右出现了明显的 α-Fe 特征峰，生长方向为（110）晶面。沉积温度为 $210\sim240℃$ 时，$Fe(CO)_5$ 气体的能量不断增加，在 CF 表面的气相分解反应速率也加快，成核的速率要小于晶核成长速率，晶体之间的开始不断聚集和融合。羰基铁沉积薄膜均匀完整地覆盖在 CF 表面，连续致密、没有裂纹等缺陷 [图 6.1（c）和图 6.1（d）]，α-Fe（110）晶面取向生长明显增强，C（002）晶面衍射峰逐渐减弱，由截面 SEM 分析可见，此时形成了完整的薄膜包覆型核壳结构。此外，在壳层表面有少量的球状颗粒，这可能是由于预处理过程中，CF 分散时导致曲率半径较大，使得沉积速度在法向较大所致[104]。由图 6.1（e）可见，随着温度的升高（270℃），新相形成的临界成核半径增大，气相成核现象明显，沉积的 CI 颗粒呈球状或瘤状大颗粒，涂层表面显得很粗糙并且出现裂纹，易使膜层开裂、脱落。综合分析，沉积温度不宜高于 240℃。

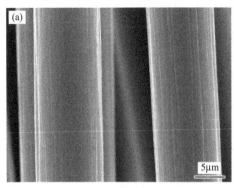

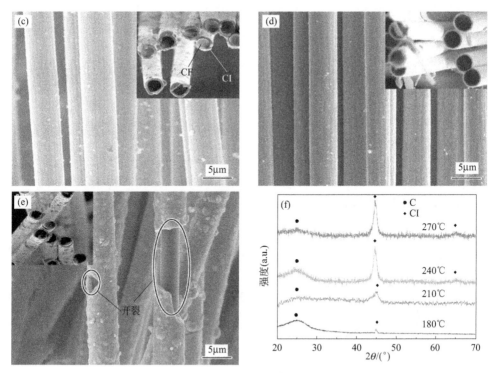

图 6.1　CF 及不同沉积温度下 CF-CI 核壳粉体的形貌分析 SEM 图和 XRD 谱

(a) CF；(b) 180℃；(c) 210℃；(d) 240℃；(e) 270℃；(f) XRD 谱

6.2.2　碳纤维-羰基铁样品电磁参数分析

图 6.2 所示为 CF 和 CF-CI 的电磁参数随频率的变化曲线。从图 6.2（a）和图 6.2（b）可以看出，CF 表面生长 CI 薄膜后对其介电常数的变化有明显影响。CF-CI 核壳粉体的 ε' 在测试频段内明显大于 CF 的 ε'，并且随着沉积温度的升高而增大；与 CF 的 ε'' 相比，CF-CI 核壳粉体在 10GHz 处的峰值消失，在整

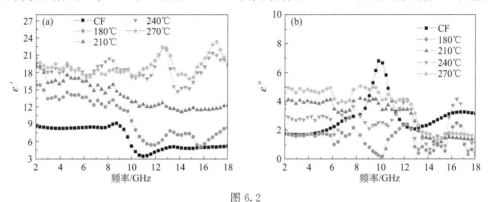

图 6.2

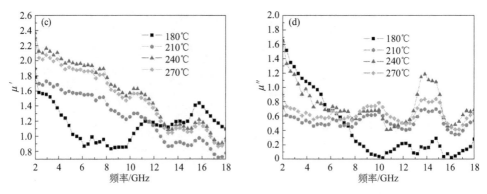

图 6.2 CF 和不同沉积温度下 CF-CI 核壳粉体的介电常数 [(a)，(b)] 和磁导率 [(c)，(d)]

个测试频段呈现下降趋势。从图 6.2 (c) 和图 6.2 (d) 可以看出，CF-CI 核壳粉体的 μ' 和 μ'' 在整个测试频段呈现下降趋势，呈现出多重共振现象。

6.2.3 碳纤维-羰基铁样品吸波性能分析

CF 及不同沉积温度下 CF-CI 样品的吸波性能与频率和厚度的关系如图 6.3 所示。单纯的 CF 匹配厚度在 4.0mm 以上 [图 6.3 (a)]。CF 表面生长

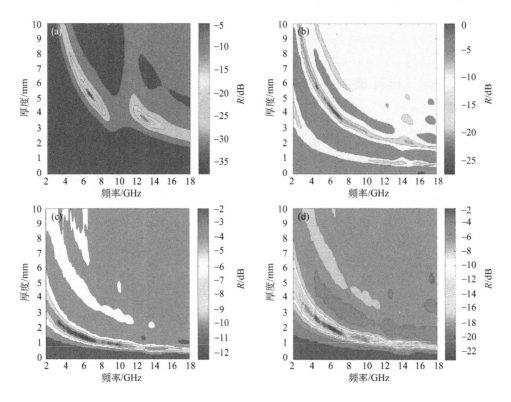

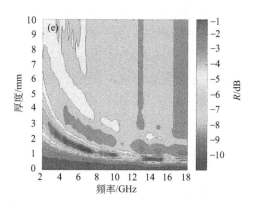

图 6.3 CF 和不同沉积温度下 CF-CI 核壳粉体的吸波性能与频率和厚度的关系

(a) CF；(b) 180℃；(c) 210℃；(d) 240℃；(e) 270℃

CI 薄膜后，吸波能力得到了明显的提高。不同沉积温度下制备的样品具有多个匹配点。240℃下得到的样品具有最佳的吸波效果 ［图 6.3 （d）］。可见，在 CF 表面生长 CI 薄膜可以有效地改善 CF 的吸波性能。

6.3 沉积时间对碳纤维-羰基铁样品结构性能影响分析

6.3.1 碳纤维-羰基铁样品晶体结构分析

图 6.4 所示为不同沉积时间下 CF-CI 核壳粉体的 XRD 谱图。由图可见，随着沉积时间的增加，C 的特征衍射峰（2θ 在 20°～30°范围内有一个"馒头

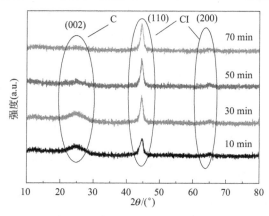

图 6.4 不同沉积时间下 CF-CI 核壳粉体的 XRD 谱图

峰"）逐渐减小，沉积时间为 70min 时几乎消失；CI 的特征衍射峰 [$2\theta =$ 44.6° 处出现了明显的 α-Fe 特征峰（110）] 则随着沉积时间的增加相对强度逐渐增强，峰型更加尖锐，说明随着时间增加，在 CF 表面形成了一定厚度的 CI 薄膜。通过对比试样前后质量，由式(2-30) 可以计算得到试样中 CI 的质量分数。沉积时间分别为 10min、30min、50min、70min 时样品中 CI 的质量分数分别为 66.6%、83.3%、89.7% 和 93.5%。

6.3.2 碳纤维-羰基铁样品微观形貌分析

图 6.5 所示为不同沉积时间下 CF-CI 核壳粉体的 SEM（插图是 CF-CI 表面的 SEM 图像）、EDS 图及壳层厚度与沉积时间的线性拟合。当沉积时间较短时（10min），反应器中引入的 Fe（CO）₅ 蒸气较少导致沉积在 CF 表面的 CI 的相对数量少，使得 CF 表面不能被 CI 完全覆盖，形成粒子包覆型核壳结构 [图 6.5（a）]。随着沉积时间的增加，沉积在 CF 表面的 CI 逐渐增加，结合图 6.5（b）和图 6.5（c）中 EDS 扫描可以进一步确认，CF 被 CI 完全包覆，形成了厚度均匀、表面完整的薄膜包覆型核壳结构。沉积 30min、50min 及 70min 时样品的平均壳厚度分别为 0.805μm、2.72μm 及 4.26μm，以 CI

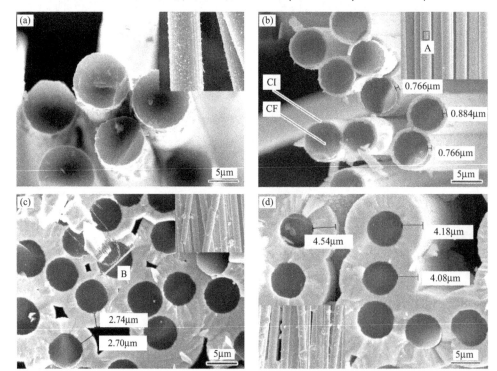

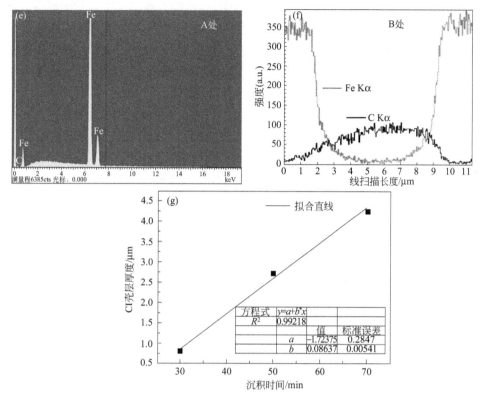

图 6.5　不同沉积时间下 CF-CI 核壳粉体的 SEM、EDS 图及壳层厚度与沉积时间的线性拟合
(a) 10min；(b) 30min；(c) 50min；(d) 70min；(e) EDS 面扫描；(f) EDS 线扫描；(g) 线性拟合

壳层平均厚度为目标函数 y，沉积时间为变量 x，经过数据拟合可得 $y = 0.086x - 1.723$（$R^2 = 0.992$），如图 6.5（g）所示，表明在本工艺条件下，可以通过控制沉积时间有效调控 CI 壳层厚度。

与在铁氧体表面沉积 CI 相比，CI 在 CF 表面的生长速度更快，能够在较短时间内就获得较厚的壳层。这可能是一方面由于 CF 具有较大的长径比和粒径及表面粗糙度，从而使 CI 更容易沉积；另一方面 CF 经过预处理后表面会有大量羟基、羧基等活性基团存在，这些官能团能够作为"锚"位吸引 CI 粒子，形成更多的成核中心，从而加快壳层的生长[178,179]。

6.3.3　碳纤维-羰基铁样品电磁参数分析

不同沉积时间下 CF-CI 复合粉体的 ε' 和 ε'' 在 2~18GHz 频段的变化如图 6.6（a）和图 6.6（b）所示。在整个频段内，ε' 的数值分布在 10.2~32.3 之间，ε'' 的数值分布在 0.2~9.4 之间，ε' 和 ε'' 的数值均随着沉积时间的增加而增大，呈现

出多重共振现象，共振峰分别出现在 8.2GHz、12.6GHz 和 16.8GHz 左右。由 2.2.2 节中分析可知，在微米级 CF 表面沉积 CI 壳层后，增强了样品的界面极化，增大了样品的电导率，从而使介电常数增大[112,114-117]。通过控制沉积时

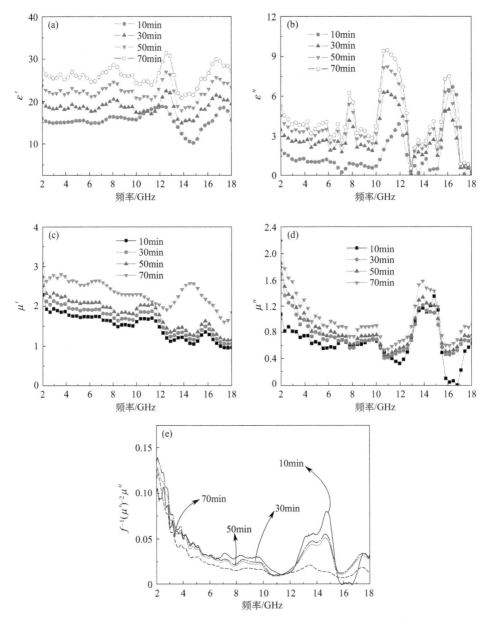

图 6.6　不同沉积时间下 CF-CI 核壳粉体的介电常数 [(a)，(b)]、磁导率 [(c)，(d)] 及 $f^{-1}(\mu')^{-2}\mu''$ 值与频率关系 (e)

　磁性核壳结构吸波材料构建与制备

间，优化 CI 在 CF-CI 复合粉体中的比例，可以使 RAM 获得所需的介电常数。但是，值得注意的是，沉积时间增加使复合粉体电导率升高，逐渐向"导体"过渡，趋肤效应会逐渐显现，并不利于电磁波的吸收。

不同沉积时间下 CF-CI 复合粉体的 μ' 和 μ'' 在 2～18GHz 频段的变化如图 6.6（c）和图 6.6（d）所示。μ' 和 μ'' 仍然呈多共振现象，并随着沉积时间的增加而升高。μ' 随着频率增加整体呈现下降趋势，数值分布在 1.2～3.2 之间，在 11GHz 和 16GHz 存在明显的峰值，而 μ'' 数值分布在 0.2～2.18 之间，在 9GHz 和 14GHz 出现明显峰值。由 2.2.2 节中理论分析可知，吸收剂在微波频段的磁损耗主要来源于涡流损耗、自然共振和磁畴壁共振[118-120]。磁畴壁共振一般发生在多畴壁材料中。由复合粉体的微观形貌分析可知，沉积 CF 表面的 CI 粒径接近单畴临界粒径，磁畴壁共振产生的损耗会很小。因此，CF-CI 复合粉体中对电磁波的磁损耗主要由自然共振和涡流损耗引起。图 6.6（e）为 CF-CI 复合粉体的 $f^{-1}(\mu')^{-2}\mu''$ 值与频率 f 的关系图。可见，在 2～18GHz 内，随着频率的升高，其数值呈现出波动变化，因此可以排除涡流损耗，即 CF-CI 的磁损耗主要以自然共振为主。

6.3.4 碳纤维-羰基铁样品吸波性能分析

良好的阻抗匹配特性（电磁波在最大程度输入吸波材料）和衰减特性（进入吸波材料的电磁波最大程度衰减）是实现低反射率的基本条件[122,123]。CF 和不同沉积时间 CF-CI 样品的特性阻抗和衰减常数可由式（2-18）和式（2-21）计算得到，如图 6.7 所示。由图可见，与单纯的 CF 相比，复合粉体的阻抗匹配特性和衰减常数都得到了明显改善。随着沉积时间的增加，特性阻抗值先增大后减小，沉积 30min 的样品阻抗匹配性能最好；衰减常数则一直呈

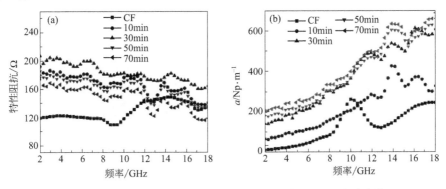

图 6.7 CF 及不同沉积时间 CF-CI 样品的特性阻抗（a）和衰减常数（b）

增大趋势，但是沉积时间超过 30min 后增大趋势明显减缓。由电磁参数分析可知，随着沉积时间的增加，介电常数不断增大，必然会导致阻抗匹配性能有所下降。由形貌分析可知，随着沉积的 CI 壳层厚度不断增加，趋肤效应显现会导致衰减性能的增加趋势减弱。

不同沉积时间下 CF-CI 样品的吸波性能与频率和厚度的关系如图 6.8 所示。由图可见，随着 CI 在核壳粉体中质量分数的增加，样品的吸波性能先改善随后恶化，沉积时间为 30min 的样品（CI 在核壳粉体中的质量分数为 33%）具有最佳的吸波性能。样品吸波性能随着 CI 质量分数的提高而降低，主要是由于壳层的厚度逐渐增大（见图 6.5），CI 壳层的平均厚度已经超过铁基铁磁性合金的平均趋肤深度 [如图 6.5 (c) 和 6.5 (d)]，从而导致吸波性能受到趋肤效应的影响而恶化。另一方面，介电常数随着 CI 质量分数的增加而增大 [见图 6.6 (a)]，同样会影响样品与自由空间之间的阻抗匹配。根据传输线理论[124,125,127]，由式（2-28）和式（2-29）计算了涂层厚度为 0.9～

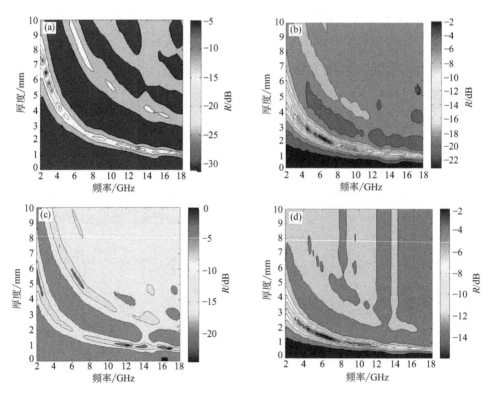

图 6.8　不同沉积时间 CF-CI 核壳粉体的吸波性能与频率和厚度的关系
(a) 10min；(b) 30min；(c) 50min；(d) 70min

3.9mm 样品的反射率，如图 6.9 所示。随着涂层厚度的增加，反射率峰值先减少后增加，逐渐向低频移动。涂层厚度为 0.9mm 时，吸波带宽（＜－10dB）最大为 4.6GHz（13.4～18GHz），在涂层厚度为 2.0mm 时，反射率达到最小值（－21.5dB）；涂层厚度为 0.9～3.9mm 时，在 2～18GHz 均能实现吸波强度低于－10dB。

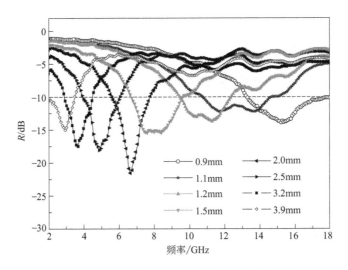

图 6.9　CF-CI（沉积时间 30min）样品反射率与厚度的关系

6.4　沉积温度对碳纳米管-羰基铁样品结构性能影响分析

6.4.1　碳纳米管-羰基铁样品形貌结构分析

图 6.10 所示为不同沉积温度下 CNTs-CI 样品的 XRD 谱。将样品 XRD 谱与标准卡片对比，可知 $2\theta＝26.3°$ 处是 CNTs 晶面的 braag 晶型特征峰，$2\theta＝44.6°$ 处是 α-Fe 的（110）晶面特征衍射峰，谱图中没有其他特征衍射峰出现。随着沉积温度的升高，CNTs 的衍射峰逐渐减小，α-Fe 的（110）晶面衍射峰逐渐增强，取向生长明显增强，峰形尖锐，说明沉积到 CNTs 表面的 CI 随着温度升高有所增加。

图 6.11 为不同沉积温度下 CNTs-CI 核壳粉体的 TEM 图。由图 6.11（a）可见，当沉积温度为 180℃ 时，CNTs 表面被一层不连续的物质所包

覆，沉积物趋向于以纳米级球形颗粒的形式沉积在 CNTs 的外表面上，有

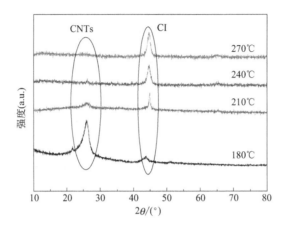

图 6.10　不同沉积温度下 CNTs-CI 样品的 XRD 谱

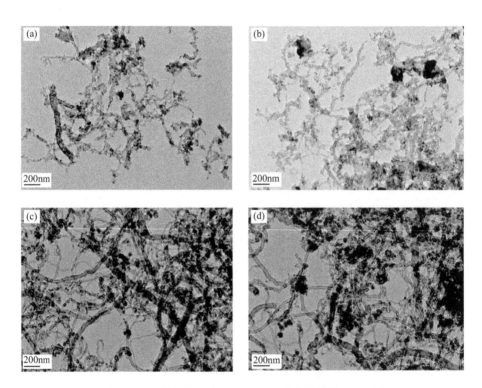

图 6.11　不同沉积温度下 CNTs-CI 核壳粉体的 TEM 图
(a) 180℃；(b) 210℃；(c) 240℃；(d) 270℃

　　磁性核壳结构吸波材料构建与制备

少量较大球形颗粒团聚在 CNTs 的周围。此时，沉积到 CNTs 表面的 CI 较少，导致 CI 的（110）晶面衍射峰宽化且强度较弱。当沉积温度为 210℃左右时，Fe(CO)₅气体的能量不断增加，从而使更多气体越过反应势垒，气体分子运动加剧，在 CNTs 表面的气相分解反应速率也加快，沉积速率相应升高，团聚在 CNTs 周围的球形颗粒呈现出增大增多的趋势，同时沉积在 CNTs 表面的颗粒也逐渐增多 ［图 6.11（b）］。沉积温度为 240℃时，可见 CNTs 表面已经沉积了大量的 CI 颗粒，具有较好的核壳结构形貌 ［图 6.11(c)］，CNTs 的衍射峰强度明显减弱，CI 的（110）晶面衍射峰逐渐增强。沉积温度太高时（270℃），新相临界核心半径将增加，导致团聚在 CNTs 周围的球形颗粒显著增大，出现大量异常长大的瘤状颗粒 ［图 6.11(d)］。因此，考虑沉积层的形貌，沉积温度不宜高于 240℃。

6.4.2　碳纳米管-羰基铁样品电磁参数分析

图 6.12 （a） 和 （b） 中，CNTs 表面生长 CI 颗粒后对其介电常数的变化

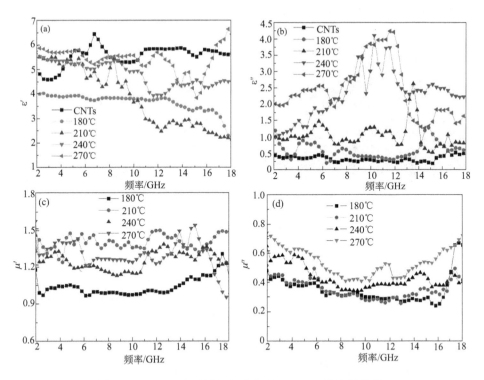

图 6.12　CNTs 和不同沉积温度下 CNTs-CI 核壳粉体的
介电常数 ［(a)，(b)］ 和磁导率 ［(c)，(d)］

有明显影响，呈现出多重共振的现象，ε'分布在 2.2～6.8 之间，ε''分布在 0.5～4.2 之间且明显高于 CNTs 的虚部值。由图 6.12（c）和（d）可见，CNTs 表面沉积 CI 后，具有了较好的磁性能，使得吸收剂由原来单一的介电损耗转化为兼具磁损耗和介电损耗的复合吸收剂。μ'分布在 0.92～1.48 之间，呈多重共振；μ''随着沉积温度升高而增加，分布在 0.22～0.78 之间，在整个测试频段呈现出现下降后增加的趋势。

6.4.3 碳纳米管-羰基铁样品吸波性能分析

CNTs 和不同沉积温度下 CNTs-CI 样品的吸波性能与频率和厚度的关系如图 6.13 所示。单纯的 CNTs 只有在 15GHz 处有一个匹配点，厚度为 6mm 左右。CNTs 表面生长 CI 颗粒后，吸波性能得到了明显改善。随着沉积温度的升高，样品的匹配厚度不断减小并出现多个匹配点，反射率峰值先减小后增大，240℃下得到的样品具有最佳的吸波效果 [图 6.13（d）]。

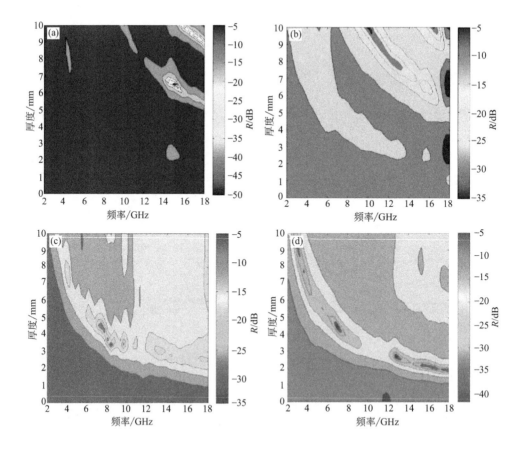

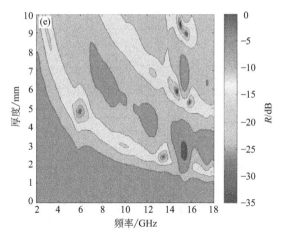

图 6.13　CNTs 和不同沉积温度下 CNTs-CI 核壳粉体的吸波性能与频率和厚度的关系
(a) CNTs；(b) 180℃；(c) 210℃；(d) 240℃；(e) 270℃

6.5 沉积时间对碳纳米管-羰基铁样品结构性能影响分析

6.5.1 碳纳米管-羰基铁样品晶体结构分析

图 6.14 为不同沉积时间下制备的 CNTs-CI 核壳粉体的 XRD 谱图。由图可见，随着沉积时间的增加，CNTs 的特征衍射峰强度逐渐减弱，CI 的特征衍射峰逐渐增强，说明沉积到 CNTs 表面的 CI 随着时间的增加不断增多。通过对比试样前后质量，由式(2-30) 可以计算得到试样中 CI 的相对含量。沉积时间为 10min、30min、50min 和 70min 时样品中 CI 的质量分数分别为62.6%、81.0%、86.7% 和 89.5%。

6.5.2 碳纳米管-羰基铁样品微观形貌分析

图 6.15 为不同沉积时间下 CNTs-CI 核壳粉体的 TEM、FESEM 及 EDS 图像。由图 6.15 (a) 可见，沉积时间较短时 (10min)，CNTs 表面仅见少量 CI 颗粒，以纳米级球形颗粒的形式沉积在 CNTs 的外表面上，有少量较大球形颗粒团聚在 CNTs 的周围。沉积时间为 30min 时，可见 CNTs 表面包覆了大量的 CI 颗粒，CI 颗粒在 CNTs 表面分布较为均匀，具有较好的核壳结构形貌 ［图6.15 (b)］；随着沉积时间的增加 (50～70min)，团聚在 CNTs 周围的球形颗粒

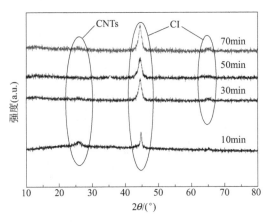

图 6.14　不同沉积时间下 CNTs-CI 核壳粉体的 XRD 谱图

呈现出增大增多的趋势，同时沉积在 CNTs 表面的颗粒也逐渐增多，少数球状颗粒异常长大，破坏了复合粉体良好的核壳形貌 [图 6.15（c）和图 6.15（d）]。因此，为获取形貌良好的核壳粉体，沉积时间以 30min 为宜。

为了进一步研究 CNTs 表面 CI 壳层的组成和结构，对沉积时间 30min 的样品中单根 CNTs-CI 进行 TEM 和 HRTEM 分析，结果如图 6.15（e）和（f）所示。由图 6.15（e）可以看出，CNTs 表面包覆上了一层深色颗粒状物质，其平均粒径大小为 15nm 左右。通过对其衍射斑点 [图 6.15（f）内插图为样品的电子衍射图] 和晶格条纹的分析可知，深色颗粒状物质为 α-Fe 晶体，沿晶面（110）生长，这与前文 XRD 谱的分析是一致的，表明 CI 在 CNTs 表面呈粒子包覆型核壳结构。图 6.15（g）和（h）分别为沉积时间 30min 的样品的 FESEM 和 EDS 选区分析图谱 [图 6.15（g）中 A 处]，通过样品表面形貌分析及元素分布情况可以进一步确认壳层为 CI。

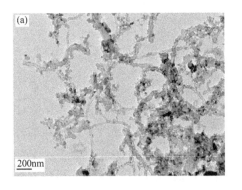
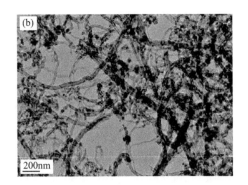

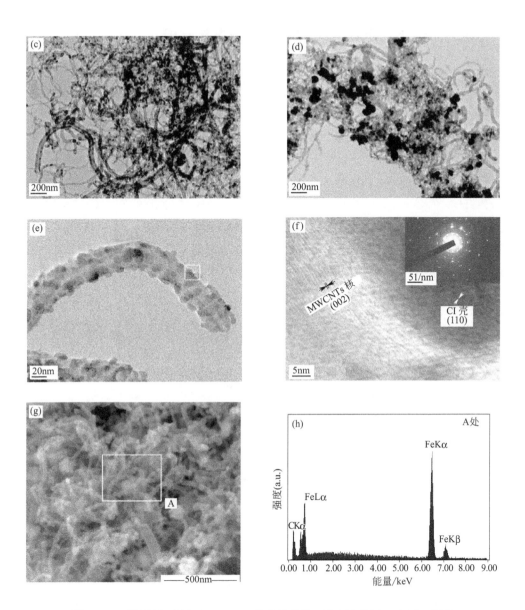

图 6.15　不同沉积时间下 CNTs-CI 核壳粉体的 TEM 图 [(a)～(d)]，沉积
时间 30min 时样品的 TEM 图（e）、HRTEM 及电子衍射图（f）、FESEM 图（g）及
EDS 选区扫描图（h）

(a) 10min；(b) 30mm；(c) 50min；(d) 70min；(e) TEM（30min）；
(f) HRTEM 及电子衍射（30min）；(g) FESEM（30min）；
(h) EDS 选区扫描（30min）

6.5.3 碳纳米管-羰基铁样品电磁参数分析

图 6.16 所示为不同沉积时间下 CNTs-CI 核壳粉体的电磁参数随频率的变化曲线。从图 6.16 (a) 和图 6.16 (b) 可以看出，CNTs-CI 的 ε′ 和 ε″ 随着沉积时间的增加而增大，呈现出多重共振峰。CNTs-CI 核壳粉体的 ε′ 分布在 3.8~9.3 之间，在整个频段内出现了三个较宽的峰，对应频率主要分布在 6.5~11.2GHz，11.6~16.0GHz，16~18GHz；ε″ 分布在 0.9~4.8 之间，在整个频段内出现了三个较宽的峰，对应频率主要分布在 3.0~7.2GHz，7.2~14.0GHz，14.0~17GHz。由前文分析可知，CNTs-CI 的介电常数变化一方面来源于偶极的极化共振和界面共振，另一方面 CNTs 表面沉积 CI 壳层后，改变了样品的电导率，有助于介电常数的增强[85]。通过优化 CI 在 CNTs-CI 复合粉体中的比例，可以使吸收剂获得所需的介电常数。

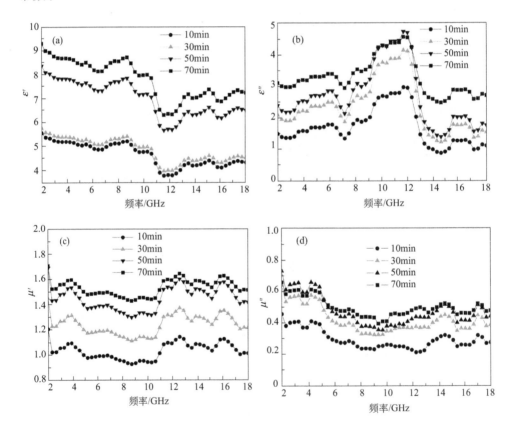

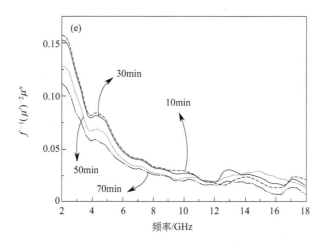

图 6.16　CNTs 和不同沉积时间下 CNTs-CI 核壳粉体的介电常数 [(a)，(b)]
和磁导率 [(c)，(d)] 及 $f^{-1}(\mu')^{-2}\mu''$ 值与频率 f 的关系（e）

从图 6.16(c) 和图 6.16(d) 可见，μ' 分布在 0.92～1.77 之间，呈现多重共振；μ'' 分布在 0.22～0.74 之间，在 2～10GHz 频段内其数值逐渐下降，10～18GHz 则呈现出多重共振现象。由前文分析可知，自然共振和涡流损耗是 CNTs-CI 核壳粉体产生磁损耗的主要原因[85]。由形貌分析可知，沉积在 CNTs 表面的 CI 颗粒粒径为纳米级，因此磁畴壁共振产生的损耗可以忽略。图 6.16(e) 所示为 CNTs-CI 的 $f^{-1}(\mu')^{-2}\mu''$ 值与频率 f 的关系。可见，在 2～18GHz 内，随着频率的升高，其数值表现出波动下降的趋势，因此可以排除涡流损耗，即 CNTs-CI 的磁损耗主要为自然共振为主。

6.5.4　碳纳米管-羰基铁样品吸波性能分析

CNTs 表面沉积 CI 之后，其阻抗匹配性能和衰减性能都得到了提升且变化趋势与 CF-CI 类似，如图 6.17 所示。由前文分析可知，介电常数的持续增大和壳层厚度的增加是导致上述变化的主要原因。

模拟计算出不同沉积时间下 CNTs-CI 核壳粉体的吸波性能与频率和厚度的关系，结果如图 6.18 所示。随着沉积时间的增加，最小反射率峰值先减小后增加，沉积时间 30min 时样品具有最佳的吸波性能。样品吸波性能随着 CI 质量分数的增加而降低，主要是由于介电常数值随着 CI 质量分数的增加而增大，会影响样品与自由空间之间的阻抗匹配。

为了更加直观地反映沉积时间为 30min 时 CNTs-CI 的吸波效果，根据传

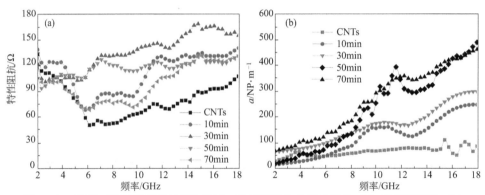

图 6.17　CNTs 和不同沉积时间下 CNTs-CI 核壳粉体的特性阻抗（a）和衰减常数（b）

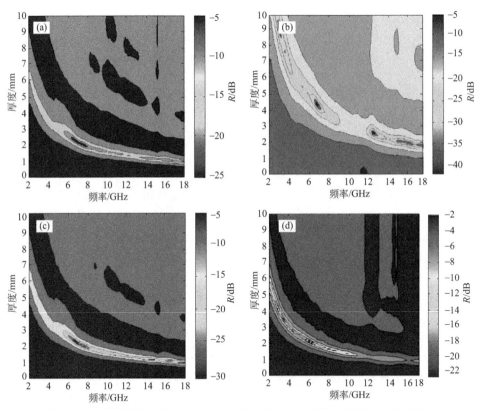

图 6.18　不同沉积时间下 CNTs-CI 核壳粉体的吸波性能与频率和厚度的关系

(a) 10min；(b) 30min；(c) 50min；(d) 70min

输线理论[124,125,127]，由式（2-28）和式（2-29）计算了涂层厚度为 0.9～3.9mm 时 CNTs-CI 的反射率，结果如图 6.19 所示。随着涂层厚度的增加，反射率峰值逐渐向低频移动，反射率峰值先减少后增加。涂层厚度为 2.9mm

时，反射率达到最小值（－28.3dB），反射率小于－10dB 的吸波带宽为 6.1GHz（10.2～16.3GHz）。涂层厚度为 0.9～3.9mm 时，在 6.9～18GHz 均能实现吸波强度低于－10dB。可见，在 CNTs 表面生长 CI 颗粒可以获得具有优良吸波性能的复合吸收剂。

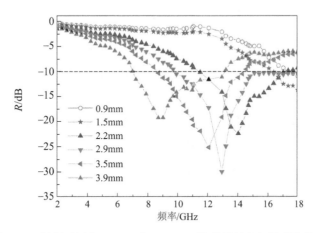

图 6.19　沉积时间为 30min 时 CNTs-CI 样品反射率与厚度的关系

6.6　羰基铁壳层质量分数对电磁性能的影响

由 5.6 节中模型可知，碳材料-羰基铁核壳结构复合粉体的介电常数和磁导率为：

$$\varepsilon_{eff} = \frac{\varepsilon_{r1}\varepsilon_{r2}}{\left[1-\left(\dfrac{r_1}{r_2}\right)^3\right]\varepsilon_{r1}+\left(\dfrac{r_1}{r_2}\right)^3\varepsilon_{r2}} \tag{6-1}$$

$$\mu_{eff} = \left(\frac{r_1}{r_2}\right)^3 + \frac{2\left[1-\left(\dfrac{r_1}{r_2}\right)^3\right]}{2+\left(\dfrac{r_1}{r_2}\right)^3}\mu_{r2} \tag{6-2}$$

式中，r_1 为核的半径；r_2 为复合粉体的半径。与铁氧体-羰基铁核壳结构吸收剂做同样假设，则得到介电常数、磁导率与质量分数 x 及核粒子与壳粒子的密度（ρ_1, ρ_2）之间的关系为式为：

$$\varepsilon_{eff} = \frac{\rho_1(1-x)+\rho_2 x}{\left(\dfrac{\rho_1}{\varepsilon_2}\right)(1-x)+\left(\dfrac{\rho_2}{\varepsilon_1}\right)x} \tag{6-3}$$

$$\mu_{\text{eff}} = \frac{\rho_2 x}{\rho_1 (1-x) + \rho_2 x} + \frac{2\rho_1 (1-x)}{2\rho_1 (1-x) + 3\rho_2 x}\mu_{\text{r2}} \tag{6-4}$$

将碳纤维和羰基铁的密度及电磁参数代入式（6-3）和式（6-4），即可以计算出核壳粉体的电磁参数随着羰基铁壳层质量分数的变化，如图6.20所示。由图可见，复合粉体的介电常数和磁导率随着羰基铁壳层质量分数的增加而变大，这和图6.16中电磁参数变化的趋势基本一致。在此基础上，设定涂层厚度为2mm，在式（2-28）和式（2-29）中代入不同羰基铁壳层质量分数的复合粉体的电磁参数，即可以得到其吸波性能变化与羰基铁壳层质量分数的关系，结果如图6.21所示。可见，随着壳层质量分数的增加，最小反射率先减小后增大，当壳层质量分数为80%时，吸波性能最好。由此表明，一味地增加壳层质量并不能使吸波性能持续改善，核粒子与壳粒子之间存在着一个合适的比例，从而使复合效应能够最大化，取得最佳的吸波性能。

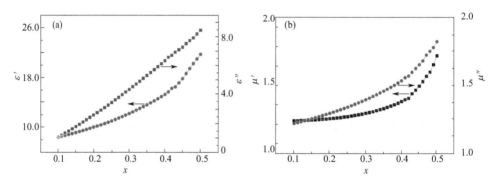

图6.20　CF-CI核壳粉体介电常数（a）和磁导率（b）随壳层质量分数变化趋势

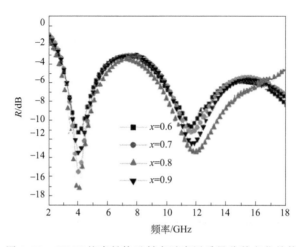

图6.21　CF-CI核壳粉体反射率随壳层质量分数变化趋势

由 5.6 节和 6.6 节可知，该模型可以有效地预测笔者制备的复合粉体的电磁参数和吸波性能与羰基铁壳层质量分数之间的变化趋势。但是电磁参数的数值范围和反射率的峰值及对应频率与实际测试还存在较大误差。这可能是由于粉体结构并不是完美球状，公式中没有考虑核与壳之间的界面效应等原因造成的。因此，在下一步的研究中，应该考虑在电磁参数的计算中引入界面效应和形状修正系数，以便能较为精准地预测电磁性能与壳层质量分数之间的关系。

6.7 碳材料-羰基铁核壳吸收剂吸波机理分析

在微米级 CF 表面生长微纳米级的羰基铁壳层得到薄膜包覆型核壳粉体，在 CNTs 表面生长纳米级的羰基铁粒子得到粒子包覆型核壳粉体，最终获得了碳材料-羰基铁核壳吸收剂，提升了碳材料的磁损耗能力，降低了匹配厚度，实现了碳材料与羰基铁二者吸波性能的取长补短，获取了轻质带宽的新型吸收剂。由理论分析可知，其主要的吸波机理如图 6.22 所示。主要包括以下几个方面：

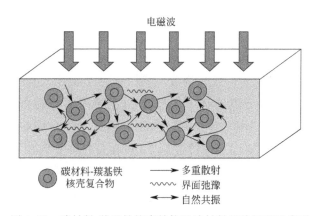

图 6.22　碳材料-羰基铁核壳结构吸波材料吸波机理示意图

① 在碳材料表面沉积纳米羰基铁壳层后，由于表面效应，使界面极化和多重散射加大增强；量子尺寸效应会为电磁波吸收提供新的途径，从而增强吸波性能。

② 在碳材料表面沉积微纳米羰基铁壳层后，复合粉体的电阻率发生了改变，使碳材料-羰基铁复合粉体的电损耗能力得到增强，引入磁损耗，利用自

然共振吸收电磁波。相比于单纯的碳材料，形成了电损耗和磁损耗共同作用于电磁波的吸收，从而提高了吸波性能。

③ 碳材料-羰基铁复合粉体的"核壳结构"会增加电磁波在吸收剂传输过程中的波程长，从而增大对电磁波的损耗。

6.8 小结

本章在微米级 CF、纳米级 CNTs 表面成功原位生长了羰基铁壳层，得到了 CF-CI 薄膜包覆型和 CNTs-CI 粒子包覆型复合吸收剂，利用 XRD、TEM、FESEM、EDS 及 VNA 等分析手段，重点研究了沉积温度和沉积时间对碳材料-羰基铁核壳粉体微观形貌、晶体结构、电磁参数及吸波性能的影响，主要得到以下结论：

① 与在铁氧体表面沉积羰基铁相比，在碳材料表面沉积羰基铁需要更高的温度。沉积温度为 180℃ 时，在碳材料表面原位生长的羰基铁颗粒较少，复合粉体呈粒子包覆型核壳结构；随着沉积温度升高（210～240℃），沉积到碳材料表面的羰基铁颗粒互相"吞并-融合"，此时 CF-CI 形成了完整的薄膜包覆型核壳结构，CNTs-CI 则形成粒子包覆型核壳结构。沉积温度太高时（270℃）会造成碳材料表面羰基铁壳层形貌的恶化。以核壳形貌及吸波性能为考察指标，最终确定最佳的沉积温度为 240℃。

② 在最佳沉积温度下，通过调节沉积时间在微纳米尺度上可以有效控制 CF 表面 CI 壳层厚度和沉积到 CNTs 表面 CI 的数量，从而调节 CI 在复合粉体中的相对含量。CF-CI 和 CNTs-CI 中 CI 的相对含量差别较小，表明本工艺制备过程具有很好的稳定性。通过控制 CI 在复合粉体中的相对含量即可调控核壳粉体的吸波性能。沉积时间太短时，生长在碳材料表面的 CI 粒子较少，碳材料与 CI 壳层之间的协同效应不明显；沉积时间太长，CI 壳层厚度的增加会使趋肤效应显现及匹配性能下降。沉积温度为 240℃，沉积时间为 30min 时，碳材料-CI 核壳粉体具有最佳的形貌和吸波性能。

③ 沉积温度为 240℃，沉积时间为 30min 时，CF-CI 核壳结构复合粉体中壳层厚度为 $0.805\mu m$，CI 在核壳粉体中的质量分数为 83.3%，涂层厚度为 0.9mm 时，反射率小于 $-10dB$ 时的吸波带宽最大为 4.6GHz（13.4～18GHz）；涂层厚度为 2.0mm 时，反射率达到最小值 $-21.5dB$；厚度为 0.9～3.9mm 时，在 2～18GHz 均能实现吸波强度低于 $-10dB$；CNTs 表面

均匀包覆了一层纳米级 CI 粒子，平均粒径为 15nm，CI 在核壳粉体中的质量分数为 81%，涂层厚度为 2.9mm 时，反射率达到最小值－28.3dB，反射率小于－10dB 时的吸波带宽为 6.1GHz（10.2～16.3GHz）。涂层厚度为 0.9～3.9mm 时，在 6.9～18GHz 均能实现吸波强度低于－10dB。

④ 以 CF-CI 为例，定性分析了碳材料-羰基铁核壳粉体中羰基铁壳层质量分数与电磁参数及吸波性能之间的关系。计算结果证实，核壳模型能够反映电磁参数和吸波性能随着 CI 壳层质量分数增加的变化趋势且基本与测试数据变化趋势吻合，并且能够给出电磁参数和反射率的变化范围。吸波机理分析表明，碳材料-羰基铁吸波性能增强的主要原因为：核壳结构不仅能够增加电磁波传输的波程长，而且可以引入表面效应和量子尺寸效应以增强界面极化和多重散射以及核壳组分之间的电损耗和磁损耗互补，使得碳材料-羰基铁复合吸收剂具有了优良的吸波性能。

从吸波带宽和吸波强度综合来看，与 CF-CI 相比，尽管 CNTs-CI 的反射率较小，但是其匹配厚度相对较大，在实际应用中会受到限制。

7

羰基铁包覆式核壳型
磁性吸波涂层研究

7.1 引言

目前对核壳型磁性雷达吸波材料（RAM）的研究中，多见讨论反应条件对颗粒微观结构和性能的影响，讨论吸收剂的介电常数和磁导率随其在基体中填充比的变化，以及分析相关材料参数随频率变化和对材料吸波性能的影响等[180-183]，鲜有制备核壳型磁性吸波涂层进行吸波性能的实际测试和其他相关研究。RAM 需具备良好的阻抗匹配特性和衰减特性才会有优良的吸波性能[122]。对于单层 RAM 而言，使阻抗匹配设计和衰减设计同时满足，协调一致相对比较困难。通常解决的办法是制备新型多组分复合吸收剂以调节电磁参数，在尽可能满足阻抗匹配条件下，提高衰减性能或者采用多层 RAM，利用阻抗层和吸收层配合，以调节阻抗匹配特性和衰减特性。与单层 RAM 相比，多层 RAM 能够有效拓展吸波频带，达到宽频吸收的目的。

吸波涂层的服役过程中，环境影响因素复杂严酷[184]。在不同的贮存、运输和使用环境中，可能会受到高低温交变冲击、紫外辐射、臭氧氧化及盐雾腐蚀等各种恶劣条件的作用，造成老化、开裂、脱落等现象发生，致使吸波涂层结构发生变化、引起性能退化，甚至使其失去吸波能力[185]。关于吸波涂层在自然环境中吸波性能的变化，这个重要问题较少有人进行研究。因此，对吸波涂层进行环境的适应性考核，研究其对环境影响因素的耐受能力，了解吸波性能的变化情况，对于吸波涂层在武器装备中的应用和推广有着十分重要的意义。

本章选取 $Ni_{0.4}Zn_{0.2}Mn_{0.4}Ce_{0.06}Fe_{1.94}O_4$-羰基铁（标记为 NZMCF-CI）及碳纤

维-羰基铁（标记为 CF-CI）微纳米核壳结构粉体分别作为铁氧体-羰基铁和碳材料-羰基铁吸收剂的代表，以环氧树脂（EP）为基体，依据优化结果，制备了相应的单层吸波涂层并研究了涂层的形貌特征；以本书研究的吸收剂为主体建立材料数据库，采用有约束条件的遗传算法（GA），进行在限定条件下多层 RAM 的优化设计。根据优化设计的结果，制备了相应的双层 RAM 并研究了涂层的形貌特征。采用 RAM 反射率弓形测量法对制备的涂层吸波性能进行了实际测试，并与理论计算值进行了对比。最后，以制备的 RAM 为研究对象，设计了高低温交变冲击-紫外辐射-臭氧氧化-盐雾腐蚀四种模块循环加速实验，研究了涂层在上述模拟环境因素周期作用下形貌和吸波性能的变化。

7.2 单层吸波涂层研究

7.2.1 涂层制备

选取 NZMCF-CI 及 CF-CI 微纳米核壳结构粉体分别作为铁氧体-羰基铁和碳材料-羰基铁吸收剂的代表。依据优化结果，采用 CI 质量分数为 33% 的 NZM-CF-CI 核壳型磁性复合粉体为吸收剂，涂层厚度控制为 1.8mm，吸收剂质量分数为 60%；采用 CI 质量分数为 83.3% 的 CF-CI 核壳型磁性复合粉体为吸收剂，涂层厚度控制为 0.9mm，吸收剂质量分数为 4%；以 EP 为基体，按照 2.4.7 节中所述工艺，制备相应的单层吸波涂层。涂层制备完毕后，由式（2-31）计算可得 NZMCF-CI 和 CF-CI 吸波涂层面密度分别为 $3.964kg/m^2$ 和 $1.241kg/m^2$。

7.2.2 涂层形貌分析

以 EP 为基体，NZMCF-CI 核壳粉体为吸收剂，制备的吸波涂层表面和截面的 SEM 照片如图 7.1 所示。从图 7.1（a）可见，涂层表面整体光滑，且可以看出人工涂刷的痕迹，无起泡现象，吸收剂被基体包覆，但有个别颗粒裸露于涂层表面之上［图 7.1（a）中圆圈处］。图 7.1（b）为涂层的截面图，由图可见，涂层整体良好，NZMCF-CI 核壳吸收剂在 EP 中大部分分布均匀，局部出现粉体团聚现象［图 7.1（b）中圆圈处］。这种涂层内部粉体的局部团聚可能正是导致个别颗粒裸露于涂层表面的原因。

图 7.2 为以 EP 为基体，CF-CI 核壳型磁性复合粉体为吸收剂，制备的吸波涂层的表面 SEM 照片。由图 7.2（a）可见，涂层表面整体光滑，无起泡、

图 7.1　NZMCF-CI 核壳型磁性吸波涂层表面（a）和截面（b）SEM 照片

裂纹等缺陷出现，吸收剂被基体包覆，分布均匀，少量裸露于涂层表面之上
［图 7.2（a）中圆圈处］。图 7.2（b）为图 7.2（a）中方框处的局部放大图，
由图中可以看出，CF-CI 吸收剂被 EP 基体分隔包裹。

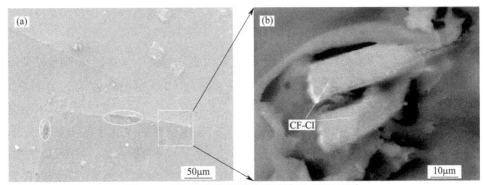

图 7.2　CF-CI 核壳型磁性吸波涂层 SEM 照片

7.2.3　吸波性能测试

使用 2.4.7 节中所述 RAM 反射率弓形测量法对制备的 NZMCF-CI 和
CF-CI 两类吸波涂层进行吸波性能测试，测试结果和优化设计结果的比较如
图 7.3 所示。由图可见，NZMCF-CI 和 CF-CI 的实测值最小反射率峰值均向
低频移动，实测值和计算值总体形状相似。由图 7.3（a）可知，NZMCF-CI
涂层的实测反射率在 6.2GHz 出现最小值 -35.0dB，吸波带宽（<-10dB）
覆盖的频率范围为 3.2～17.8GHz；反射率理论计算值在 6.8GHz 出现最小值
-39.9dB，吸波带宽（<-10dB）覆盖的频率范围为 3.8～18GHz。由图 7.3
（b）可知，CF-CI 涂层反射率的实测值在 15.2GHz 出现最小值 -13.8dB，在
13.1～17.6GHz 范围内小于 -10dB；反射率理论计算值在 16GHz 出现最小

值$-14.1dB$，$13.4\sim18GHz$范围内小于$-10dB$。

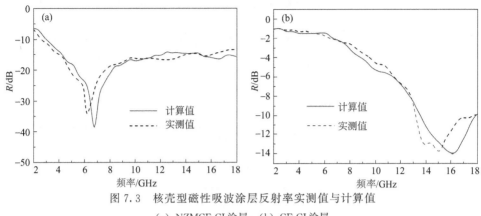

图 7.3　核壳型磁性吸波涂层反射率实测值与计算值
(a) NZMCF-CI涂层；(b) CF-CI涂层

　　虽然实测值和优化设计结果存在一定的误差，但实测值与理论计算值整体数值接近，基本反映出了理论优化的结果，验证了理论优化和涂层制备工艺的可靠性。造成实测值和优化设计结果之间误差的主要原因是：优化设计所使用的电磁参数是以石蜡为基体复合测试得到的，涂层反射率实测则是以 EP 作为基体；在制备涂层的过程中，实际厚度和理论厚度可能存在着微小误差。

7.3　双层吸波涂层研究

7.3.1　遗传算法优化设计

　　由图 2.1 可以看出，多层吸波涂层各层的厚度 d，电磁波频率 f 及电磁参数 ε_r 和 μ_r 与涂层的吸波性能密切有关。固定多层吸波涂层各层的选材与厚度时，即可以用式（2-22）～式（2-28）计算反射率；当需要对各层材料和厚度进行选择而寻找最优组合时，则可以借用 GA 实现。

　　厚度优化设定：设定多层吸波涂层总厚度为 D，共有 n 层，第 i 层的厚度为 d_i。设定厚度的精度为 δ，则厚度编码长度 N_d 满足可得厚度的限制条件为：$2^{N_d-1}<D/\delta<2^{N_d}$，第 i 层材料厚度的编码为 $D_i=d_i^1 d_i^2 d_i^3 \cdots d_i^{N_m}$，同时厚度必须满足限制条件：$\sum_{i=1}^{n} d_i \leqslant D$。

　　材料优选设定：对材料进行编号，允许同一种材料重复使用，保证材料的数量 N 始终为 2 的乘方，则材料编号的编码长度 N_m 满足：$N=2^{N_m}$，第 i

层材料的编码为 $M_i = m_i^1 m_i^2 m_i^3 \cdots m_i^{N_m}$。

综上可得第 i 层吸波涂层编码为 $L_i = M_i D_i$，n 层吸波涂层编码为 $G = M_1 M_2 \cdots M_n D_1 D_2 \cdots D_n$。由于厚度必须满足 $\sum\limits_{i=1}^{n} d_i \leqslant D$，采用自适应遗传操作生成符合限制条件的种群（其原理如图 7.4 所示），采用精英保留策略，初始种群选择为 50，交叉、变异概率均为 0.9。

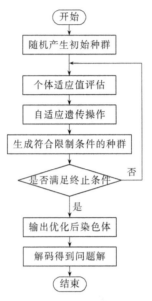

图 7.4　具有限制条件的多层吸波涂层优化设计遗传算法原理图

适应度函数的设计：吸波涂层的厚度、最小反射率及吸波带宽（＜－10dB）是评定多层吸波涂层性能的三个主要方面。设优化后涂层总厚度为 d，R_{min} 为最小反射率，n_m 为低于有效吸收的频点个数，平均反射率为 $R_{average}$，根据对结果不同的需求选择不同的权值 m_1、m_2、m_3、m_4 均大于 0 对 d、R_{min}、n_m 进行加权求和得到适应度函数：$F = -100 m_1 (D - d) + m_2 R_{min} - n_m m_3 + m_4 R_{average}$，式中 F 为负值，因此 F 的值越小越好。

为了计算速度，同时结合研究对象，初步建立了铁氧体、碳材料、CI 及笔者制备的 CI 包覆式核壳型吸收剂等九种吸收剂并选取九组电磁参数实测数据建立备选材料数据库，如表 7.1 所示。

表 7.1　材料名称及编号

编号	名称	备注
1	$60\% Ni_{0.4} Zn_{0.2} Mn_{0.4} Ce_{0.06} Fe_{1.94} O_4$	—
2	$60\% Sr_{0.8} La_{0.2} Fe_{11.8} Co_{0.2} O_{19}$	—

编号	名称	备注
3	60%CI	—
4	4%CF	—
5	4%CNTs	—
6	$60\%Ni_{0.4}Zn_{0.2}Mn_{0.4}Ce_{0.06}Fe_{1.94}O_4$-CI	沉积时间 50min 样品
7	$60\%Sr_{0.8}La_{0.2}Fe_{11.8}Co_{0.2}O_{19}$-CI	沉积时间 50min 样品
8	4%CF-CI	沉积时间 30min 样品
9	4%CNTs-CI	沉积时间 30min 样品

为了控制厚度误差及便于工程应用，将涂层层数设置为 2。在此基础上进行有约束条件的遗传算法优化设计，寻找涂层总厚度小于 2.0mm，在 2～18GHz 范围内吸波带宽（<−10dB）最宽及具有最小反射率时各层的选材及厚度，最终得到以 $Sr_{0.8}La_{0.2}Fe_{11.8}Co_{0.2}Fe_{19}$ 为阻抗匹配层（面层，厚度为 0.6mm）、CNTs-CI 为吸收衰减层（底层，厚度为 1.0mm）的双层吸波涂层具有最佳的吸波效果。此时，反射率达到最小值−42.5dB（13.8GHz），小于−10dB 时的吸波带宽为 15.0GHz（3.0～18GHz），涂层总厚度为 1.6mm，与之对应的优化结果如图 7.5 所示。优化结果充分表明由羰基铁包覆式核壳型微纳米磁性吸收剂与其他吸收剂组成多层结构是改善提高涂层吸波性能的有效途径之一。

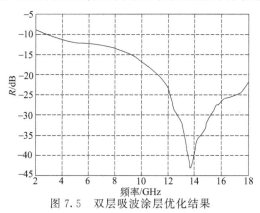

图 7.5 双层吸波涂层优化结果

7.3.2 涂层制备及形貌分析

双层涂层的制备过程与单层涂层制备方法相同，如 2.4.7 节中所述。所不同的是，双层涂层在分层制备的过程中，需要在底层完全干燥之后对其进行打磨以控制底层的厚度误差。之后采用同样的方法在底层上刷涂面层，涂层制备完成后采用式（2-31）计算可得面密度为 $1.951kg/m^2$。笔者制备的双层吸波涂层的形貌 SEM 分析如图 7.6 所示。由图 7.6(a) 中观察可知，涂层整体平整，无明显缺陷，边缘处可见少量吸收剂团聚（图中圆圈处）。图 7.6(b) 所示为涂层的截面，面层和底层之间的分界明显，涂层内部没有较大的孔洞等缺陷存在，吸收剂在 EP 中分布均匀。上层 60% 的 $Sr_{0.8}La_{0.2}Fe_{11.8}Co_{0.2}O_{19}$ 明显被基体分隔开，仅有部分团聚在一起；下层 4% 的 CNTs-CI 分布在 EP 中，部分缠绕在一起。

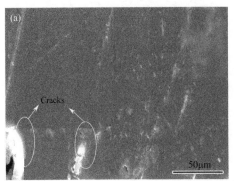
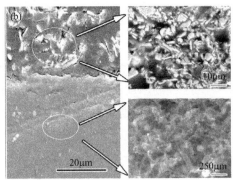

图 7.6　双层涂层表面和截面 SEM 照片

7.3.3　吸波性能测试

双层吸波涂层反射率的计算值（优化设计值）和实测值如图 7.7 所示。由图可见，实测反射率峰值略微向高频移动，优化设计值和实测值的反射率曲线形状几乎一致，峰位接近，最小值略有不同。最小反射率的实测值为 $-40.5dB$，对应频率为 $14.1GHz$，理论计算值则在 $13.8GHz$ 出现，为 $-42.5dB$。这说明理论计算值是可靠的，造成实测值与优化设计值存在微小差异的原因为：优化设计中电磁参数测试时使用的是石蜡为基体，涂层反射率测试时使用的基体是 EP；涂层制备过程中厚度控制会存在微小误差。

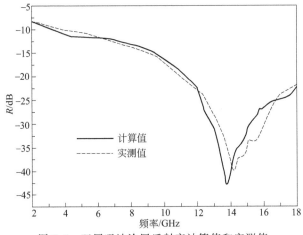

图 7.7　双层吸波涂层反射率计算值和实测值

7.4 环境因素对吸波性能的影响

太阳光尤其是紫外线、温度、氧、水以及污染物等是引起吸波涂层老化的主要环境因素。目前关于单一的紫外、臭氧及盐雾等环境因素对吸波涂层的性能的影响已有少量报道。王海峰[186]对羰基铁粉/环氧树脂吸波涂层在紫外辐照、臭氧腐蚀、盐雾老化等各种环境中的性能变化进行了初步研究，得到了一些有意义的成果。田月娥等[187-188]对吸波涂层在海洋、酸性污染、寒冷及沙漠环境中进行了环境适应性考核与评价，取得了环境对毫米波隐身涂层作用影响的强弱顺序。齐宇等[189]制备了高性能防腐蚀型双层复合结构宽频雷达吸波涂料并考察了其耐高低温、耐海水、耐湿热等耐环境性能。然而，在实际环境中，通常是多个环境因素共同作用于吸波涂层，而多个环境因素循环作用于涂层更加符合实际情况[184]。因此，设计高低温交变冲击-紫外辐射-臭氧氧化-盐雾腐蚀循环加速实验，以探讨不同环境因素共同作用下对吸波性能的影响。

7.4.1 循环加速实验设计

以制备的吸波涂层为研究对象，研究高低温冲击、紫外辐照、臭氧氧化及盐雾腐蚀四种环境因素循环加速对其形貌和吸波性能的影响，为该类型吸波涂层的实际应用提供参考。

（1）高低温交变冲击

耐高低温实验根据 GJB 150.5—1986 进行，温度范围为 70～-55℃（保温时间 1h，温度转换时间 10min，循环 50 个周期）。

（2）紫外辐射

在 RAM 上方 30cm 处放置氙灯（功率为 60W，波长为 365nm，紫外照射）进行垂直照射 120h。

（3）臭氧氧化

RAM 在臭氧氧化试验箱中暴露 300h，臭氧浓度维持在（75±5）ppm 左右。

（4）盐雾腐蚀

盐雾腐蚀实验按 GB/T 1771—2007 进行，实验温度为（35±2）℃，箱内湿度为100％，实验溶液为5％±1％NaCl水溶液，中性环境（pH值在7.0左右）加速腐蚀100h，酸性环境（pH值在4.0左右）加速腐蚀60h。

高低温交变冲击-紫外辐射-臭氧氧化-盐雾腐蚀循环加速实验：先将试样进行温度交变试验，然后进行紫外辐射实验，再将试样置于臭氧反应室臭氧氧化，最后将试样置于中性和酸性盐雾箱中加速腐蚀，整个循环为一个实验周期。吸波涂层实际使用中，出现肉眼可见裂纹、凹坑及粉化等损伤时即会进行维护保养，以防止损伤扩大对吸波涂层造成进一步损伤[190]。因此，在循环加速实验过程中，观察到涂层出现明显损伤即终止实验。

7.4.2 表面形貌分析

（1） $Ni_{0.4}Zn_{0.2}Mn_{0.4}Ce_{0.06}Fe_{1.94}O_4$-羰基铁环氧树脂基吸波涂层

NZMCF-CI环氧树脂基吸波涂层循环加速实验过程中形貌变化如图7.8所示。与原始涂层相比，经过3个实验周期之后，通过SEM可以观察到涂层表面出现了少量裂纹，呈不规则形状并集中在涂层下方［图7.8(a)］。试样进行5个实验周期之后，树脂也出现了分解，导致吸收剂显露，裂纹明显增多，分布在整个涂层表面。涂层颜色变淡，出现轻微粉化现象［图7.8(b)］。经过8个实验周期后，裂纹尺寸明显增大，涂层变得干涩没有光泽，颜色进一步减淡。粉化后的涂层表面变粗糙，造成表面致密性降低，并出现裂纹，阻挡腐蚀介质能力减弱［图7.8(c)］。在盐雾的作用下，水分子及Cl^-等腐蚀介质会更容易进入涂层内部，使裂纹进一步扩大，严重时会导致锈蚀现象。图7.8(d)所示是涂层经过8个实验周期之后表面的数码照片。由图可见，涂层上下边缘出现肉眼可见的凹坑与裂纹，此时实验中止。

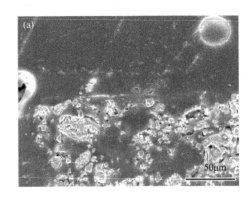
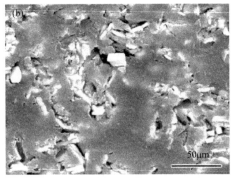

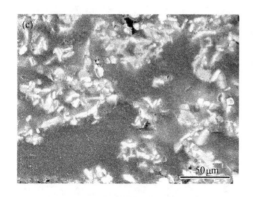

图 7.8　NZMCF-CI 环氧树脂基吸波涂层循环加速实验过程中涂层形貌

(a) 3 周期；(b) 5 周期；(c) 8 周期；(d) 8 周期后涂层宏观照片

（2）碳纤维-羰基铁环氧树脂基吸波涂层

CF-CI 环氧树脂基吸波涂层循环加速实验过程中形貌变化如图 7.9 所示。通过 SEM 可以观察到，经过 3 个实验周期后，涂层表面仅有少许裂纹，涂层结构基本完好 ［图 7.9(a)］。随着实验进行，经过 7 个实验周期后，表层环氧树脂开始分解流失，涂层表面出现了波状起伏，导致表层吸收剂显露 ［图 7.9(b)］。9 个实验周期后，涂层表面失去光泽，表面的树脂进一步损失，能清楚地看到 EP 下的 CF-CI 和残留的树脂残块 ［图 7.9(c)］。对于环氧树脂而言，紫外辐射的能量会使环氧树脂断链、降解，进而使水分、氧气等小分子扩散到复合材料的微小缺陷中，使得涂层表面出现粉化。粉化后的涂层表面变粗糙，造成表面致密性降低，极易出现裂纹，造成阻挡腐蚀介质能力减弱。在盐雾的作用下，继而 H_2O 及 Cl^- 等腐蚀介质会更容易进入涂层内部，使裂纹进一步扩大，局部出现锈蚀现象。图 7.9(d) 是涂层经过 9 个实验周期之后表面的数码照片。可见，涂层边缘出现肉眼可见的凹坑与裂纹，此时实验中止。从涂层表面宏观来看，CF-CI 涂层的表面好于 NZMCF-CI 涂层表面，这可能是由于多数 CF 以与基体平行的方式排列于涂层内部，增强了 EP 的力学性能，提高了涂层的强度和抗开裂能力[191]。

（3）双层环氧树脂基吸波涂层

以 $Sr_{0.8}La_{0.2}Fe_{11.8}Co_{0.2}O_{19}$ 为阻抗匹配层 （面层，厚度为 0.6mm），CNTs-CI 为吸收衰减层 （底层，厚度为 1.0mm) 的双层环氧树脂基吸波涂层循环加速实验过程中形貌变化如图 7.10 所示。在循环加速实验中，双层涂层的形貌变化与 NZMCF-CI 涂层相类似，通过 SEM 观察可知，涂层的缺陷呈

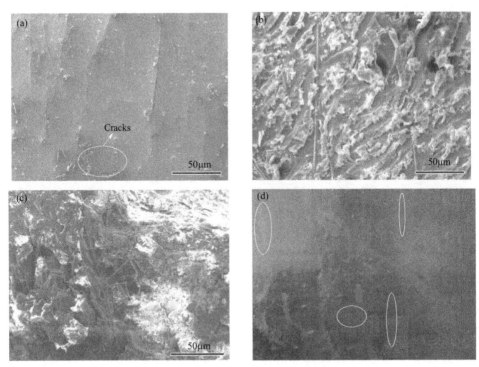

图 7.9　CF-CI 环氧树脂基吸波涂层循环加速实验过程中涂层形貌变化

（a）3 周期；（b）7 周期；（c）9 周期；（d）9 周期后涂层宏观照片

现出由四周向中心扩展的特点。经过 8 个实验周期后，涂层表面失去光泽，表面的树脂损失严重 ［图 7.10 （c）］，能清楚地看到 EP 下的吸收剂和残留的树脂残块。图 7.10 （d）是涂层经过 8 个实验周期之后表面的数码照片。由图可见，涂层上下边缘出现肉眼可见的起泡与裂纹，此时实验中止。

7.4.3　吸波性能分析

（1）$Ni_{0.4}Zn_{0.2}Mn_{0.4}Ce_{0.06}Fe_{1.94}O_4$-羰基铁环氧树脂基吸波涂层

图 7.11 （a）所示是 NZMCF-CI 涂层在不同循环加速实验作用周期下的反射率测试结果。由图可见，3 周期反射率与初始反射率两条曲线的形状基本一致，只是峰值略有提高。随着循环实验作用周期的延长，曲线向低频方向移动，反射率峰值不断升高。8 周期后，反射率最小值为 −23.2dB，小于 −10dB 时的吸波带宽降为 8.5GHz。这要是由于涂层表面结构发生变化，涂层内部发生锈蚀，导致吸波性能有所下降。

图 7.11 （b）所示是 CF-CI 涂层在不同循环加速实验作用周期下的反射

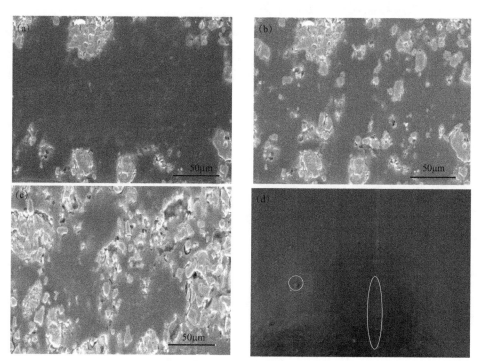

图 7.10 双层环氧树脂基吸波涂层循环加速实验过程中涂层形貌

(a) 3 周期;(b) 5 周期;(c) 8 周期;(d) 8 周期后涂层宏观照片

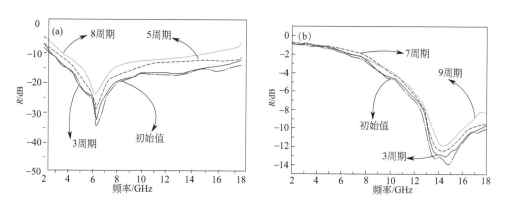

图 7.11 NZMCF-CI 涂层 (a) 及 CF-CI 涂层 (b) 循环加速实验过程中反射率测试结果

率测试结果。由图可见,低频段(2～12GHz)反射率随着循环实验作用周期的延长变化不大,高频段(12～18GHz)反射率峰值则不断升高。9 周期后,由于涂层表面结构发生变化,涂层内部发生锈蚀,吸波性能发生下降,反射率最小值为 -10.2dB。

(2) 双层环氧树脂基吸波涂层

图 7.12 所示是双层环氧树脂基涂层在不同循环加速实验作用周期下的反射率测试结果。由图可见，随着循环实验作用周期的延长，曲线向低频方向移动，反射率峰值不断升高。8 个周期后反射率最小值为－36.5dB，反射率小于－10dB 时的吸波带宽降为 14.2GHz。尽管涂层的表面及内部结构发生了改变，但是与单层吸波涂层相比，其反射率峰值和吸波带宽变化较小，表明双层结构的吸波涂层吸波性能对环境因素作用的耐受性更好。

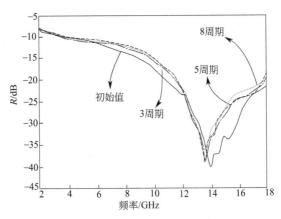

图 7.12　双层环氧树脂基吸波涂层循环加速实验过程中反射率测试结果

7.5　小结

本章选取 NZMCF-CI 及 CF-CI 微纳米核壳结构粉体分别作为铁氧体-羰基铁和碳材料-羰基铁吸收剂的代表，制备了环氧树脂基单层吸波涂层；利用遗传算法，以笔者制备的吸收剂为材料库，进行了多层吸波材料的优化设计并根据优化结果制备了双层环氧树脂基吸波涂层；最后考察了上述涂层在高低温交变冲击、紫外辐射、臭氧氧化及盐雾腐蚀循环加速作用下的环境适应性，主要得到以下结论：

① 利用 SEM 对 NZMCF-CI 及 CF-CI 涂层的微观形貌进行分析，表明笔者制备的吸波涂层形貌良好，吸收剂在基体中分布均匀，无明显缺陷存在，涂层面密度分别为 3.964kg/m² 和 1.241kg/m²；利用 RAM 反射率弓形测量法对制备的吸波涂层进行反射率实测并与理论计算值进行对比，证实了本书

优化设计的准确性及涂层制备工艺的可靠性。

②利用遗传算法，以笔者制备的九种吸收剂为材料库进行了多层吸波涂层设计，在限定厚度小于 2.0mm 的情况下得到了双层吸波涂层具有最宽带宽（＜－10dB）及最小反射率的材料组合和厚度。优化结果表明，以 $Sr_{0.8}La_{0.2}Fe_{11.8}Co_{0.2}O_{19}$ 为阻抗匹配层（面层，厚度为 0.6mm），CNTs-CI 为吸收衰减层（底层，厚度为 1.0mm）时，最小反射率为－42.5dB（13.8GHz），小于－10dB 的吸波带宽为 15.0GHz（3.0～18GHz）。根据优化结果制备的涂层面密度为 $1.951kg/m^2$。利用 SEM 对涂层的微观形貌进行分析，表明双层吸波涂层形貌良好，面层与底层之间界限明晰，吸收剂在基体中分布均匀，无明显缺陷存在；吸波涂层的反射率实测值与理论计算值对比证实了本书优化设计的准确性及涂层制备工艺的可靠性。

③采用循环加速实验方法研究了高低温交变冲击-紫外辐射-臭氧氧化-盐雾腐蚀四种环境因素对涂层吸波性能的影响。研究发现，以涂层表面出现宏观可见裂纹和凹坑为标志，NZMCF-CI 涂层可耐受 8 个作用周期，CF-CI 耐层可经受 9 个作用周期，双层涂层可耐受 8 个作用周期。通过对不同周期下涂层反射率变化的研究发现，涂层的最小反射率峰值对作用周期的增加比较敏感。涂层在耐受周期内，吸波性能并没有出现显著恶化，说明笔者制备的涂层吸波性能抗环境变化冲击良好。

参考文献

［1］ 冯卉，毛红保，吴天爱. 侦察打击一体化无人机关键技术及其发展趋势分析［J］. 飞航导弹，2014，3：42-46.

［2］ 张月芳，郝万军. 吸波材料研究进展及其对军事隐身技术的影响［J］. 化工新型材料，2012，40（1）：13-15.

［3］ Giaimakopoulou T，Oikonomou A，Kordas G. Double-layer microwave absorbers based on materials with large magnetic and dielectric losses［J］. Journal of Magnetism and Magnetic Materials，2004，271（2-3）：224-229.

［4］ Mosallaei H，Rahmat Y. RCS Reduction of canonical targets using genetic algorithm synthesized RAM［J］. IEEE Transaction on Antennas and Propagation，2000，48（10）：1594-1606.

［5］ 刘力，仵浩，张成涛等. 武器装备隐身与反隐身技术发展研究［J］. 飞航导弹，2014，4：80-82.

［6］ 陈雪刚，叶瑛，程继鹏. 电磁波吸收材料的研究进展［J］. 无机材料学报，2011，26（5）：449-457.

［7］ Weston D A. Electromagnetic Compatibility：Principles and Application［M］. New York：Marcel Dekker Inc，2001.

［8］ Geetha S，Kumar K S，Rao C K，et al. EMI shielding：Method and materials-areview［J］. Journal of Applied Ploymer Science，2009，112（4）：2073-2086.

［9］ Abbas S M，Dixit A K，Chatterjee R，et al. Complex permttivity，complex permeability and microwave absorption properties of ferrite-polymer composites［J］. Journal of Magnetism and Magnetic Materials，2007，309（1）：20-24.

［10］ Aphesteguy J C，Damiani A，Digiovanni D，et al. Microwave absorption behavior of a polyaniline magnetic composite in the X-band［J］. Physica B，2012，407（16）：3168- 3171.

［11］ Wang Y. Microwave absorbing materials based on polyaniline composites：A review［J］. International Journal of Materials Research，2014，105（1）：3-12.

［12］ Ge C，Zou J，Yan M，et al. C-dots induced microwave absorption enhancement of PANI/ferrocene/C-dots［J］. Materials Letters，2014，137：41-44.

［13］ Che B D，Nguyen B Q，Nguyen L T T，et al. The impact of different multi-walled carbon nanotubes on the X-band microwave absorption of their epoxy nanocomposites［J］. Chemistry Central Journal，2015，9（1）：10-23.

［14］ Lu M M，Cao W Q，Shi H L，et al. Multi-wall carbon nanotubes decorated with ZnO nanocrystals：Mild solution-process synthesis and highly efficient microwave absorption properties at elevated temperature［J］. Journal of Materials Chemistry A，2014，2（27）：10540-10547.

[15] Qiu J, Qiu T. Fabrication and microwave absorption properties of magnetite nanoparticle-carbon nanotube-hollow carbon fiber composites [J]. Carbon, 2015, 81: 20-28.

[16] Chen Y J, Li Y, Chu B T T, et al. Porous composites coated with hybrid nano carbon materials performs excellent electromagnetic interference shielding [J]. Composites Part B: Engineering, 2015, 70: 231-237.

[17] Ding D, Luo F, Shi Y, et al. Influence of thermal oxidation on complex permittivity and microwave absorbing potential of KD-I SiC fiber fabrics [J]. Journal of Engineered Fabrics & Fibers, 2014, 9 (2): 99-104.

[18] Hu W, Wang L, Wu Q, et al. Preparation, characterization and microwave absorption properties of bamboo-like β-SiC nanowhiskers by molten-salt synthesis [J]. Journal of Materials Science: Materials in Electronics, 2014, 25 (12): 5302-5308.

[19] Kumar A, Agarwala V, Singh D. Effect of milling on dielectric and microwave absorption properties of SiC based composites [J]. Ceramics International, 2014, 40 (1): 1797-1806.

[20] Duan W, Yin X, Li Q, et al. Synthesis and microwave absorption properties of SiC nanowires reinforced SiOC ceramic [J]. Journal of the European Ceramic Society, 2014, 34 (2): 257-266.

[21] Gupta K K, Abbas S M, Goswami T H, et al. Microwave absorption in X and Ku band frequency of cotton fabric coated with Ni-Zn ferrite and carbon formulation in polyurethane matrix [J]. Journal of Magnetism and Magnetic Materials, 2014, 362: 216-225.

[22] Das S, Nayak G C, Sahu S K, et al. Microwave absorption properties of double-layer composites using CoZn/NiZn/MnZn-ferrite and titanium dioxide [J]. Journal of Magnetism and Magnetic Materials, 2015, 377: 111-116.

[23] Durmus Z, Durmus A, Kavas H. Synthesis and characterization of structural and magnetic properties of graphene/hard ferrite nanocomposites as microwave-absorbing material [J]. Journal of Materials Science, 2015, 50 (3): 1201-1213.

[24] Luo J, Xu Y, Mao H. Magnetic and microwave absorption properties of rare earth ions (Sm^{3+}, Er^{3+}) doped strontium ferrite and its nanocomposites with polypyrrole [J]. Journal of Magnetism and Magnetic Materials, 2015, 381: 365-371.

[25] Liu T, Pang Y, Zhu M, et al. Microporous Co@ CoO nanoparticles with superior microwave absorption properties [J]. Nanoscale, 2014, 6 (4): 2447-2454.

[26] Chen B, Chen D, Kang Z, et al. Preparation and microwave absorption properties of Ni-Co nanoferrites [J]. Journal of Alloys and Compounds, 2015, 618: 222-226.

[27] He C K, Pan S K, Cheng L, et al. Effect of rare earths on microwave absorbing properties of RE-Co alloys [J]. Journal of Rare Earths, 2015, 33 (3): 271-276.

[28] Liu Y, Liu X, Wang X. Double-layer microwave absorber based on $CoFe_2O_4$ ferrite and carbonyl iron composites [J]. Journal of Alloys and Compounds, 2014, 584: 249-253.

[29] Wang A, Wang W, Long C, et al. Facile preparation, formation mechanism and microwave

absorption properties of porous carbonyl iron flakes [J]. Journal of Materials Chemistry C, 2014, 2 (19): 3769-3776.

[30] 俞梁，王建江，许宝才等. 核壳吸波材料的研究进展 [J]. 功能材料，2015，46 (2): 02001-02006.

[31] Wang C P，Li C H，Bi H，et al. Novel one-dimensional polyaniline/$Ni_{0.5}Zn_{0.5}Fe_2O_4$ hybrid nanostructure: Synthesis, magnetic, and electromagnetic wave absorption properties [J]. Journal of Nanoparticle Research, 2014, 16 (3): 1-11.

[32] Luo J，Xu Y，Gao D. Synthesis, characterization and microwave absorption properties of polyaniline/Sm-doped strontium ferrite nanocomposite [J]. Solid State Sciences, 2014, 37: 40-46.

[33] Li D G，Chen C，Rao W，et al. Preparation and microwave absorption properties of polyaniline/$Mn_{0.8}Zn_{0.2}Fe_2O_4$ nanocomposite in $2\sim18$ GHz [J]. Journal of Materials Science: Materials in Electronics, 2014, 25 (1): 76-81.

[34] Li N，Hu C，Cao M. Enhanced microwave absorbing performance of CoNi alloy nanoparticles anchored on a spherical carbon monolith [J]. Physical Chemistry Chemical Physics, 2013, 15 (20): 7685-7689.

[35] Afghahi S S S，Shokuhfar A. Two step synthesis, electromagnetic and microwave absorbing properties of FeCO@ C core-shell nanostructure [J]. Journal of Magnetism and Magnetic Materials, 2014, 370: 37-44.

[36] Wang Z，Wei G，Zhao G L. Enhanced electromagnetic wave shielding effectiveness of Fe doped carbon nanotubes/epoxy composites [J]. Applied Physics Letters, 2013, 103 (18): 183109.

[37] 叶明泉，韩爱军，贺丽丽. 核壳型导电高分子复合粒子的制备研究进展 [J]. 化工进展，2007，26 (6): 825-829.

[38] Yan X，Gao D，Chai G，et al. Adjustable microwave absorption properties of flake shaped ($Ni_{0.5}Zn_{0.5}$) Fe_2O_4/Co nanocomposites with stress induced orientation [J]. Journal of Magnetism and Magnetic Materials, 2012, 324 (11): 1902-1906.

[39] Zhang K，Amponsah O，Arslan M，et al. Co-ferrite spinel and FeCo alloy core shell nanocomposites and mesoporous systems for multifunctional applications [J]. Journal of Applied Physics, 2012, 111 (7): 07B525.

[40] 哈日巴拉，付乌有，杨海滨等. Fe_3O_4/Ni 复合纳米颗粒的制备及其微波吸收特性 [J]. 复合材料学报，2008，25 (5): 14-18.

[41] Chen N，Mu G H，Pan X F，et al. Microwave absorption properties of $SrFe_{12}O_{19}$/$ZnFe_2O_4$ composite powders [J]. Materials Science and Engineering B, 2007, 139: 256-260.

[42] Tyagi S，Baskey H B，Agarwala R C，et al. Development of hard/soft ferrite nanocomposite for enhanced microwave absorption [J]. Ceramics International, 2011, 37 (7):

2631-2641.

[43] Feng W, Liu H, Hui P, et al. Preparation and properties of $SrFe_{12}O_{19}/ZnFe_2O_4$ core/shell nano-powder microwave absorber [J]. Integrated Ferroelectrics, 2014, 152 (1): 120-126.

[44] Jia S, Luo F, Qing Y, et al. Electroless plating preparation and microwave electromagnetic properties of Ni-coated carbonyl iron particle/epoxy coatings [J]. Physica B: Condensed Matter, 2010, 405 (17): 3611-3615.

[45] Zhou Y, Zhou W, Li R, et al. Enhanced antioxidation and electromagnetic properties of Co-coated flaky carbonyl iron particles prepared by electroless plating [J]. Journal of Alloys and Compounds, 2015, 637: 10-15.

[46] Zhao B F, Ma P X, Zhao J M, et al. Fabrication and microwave absorbing properties of $Li_{0.35}Zn_{0.3}Fe_{2.35}O_4$ micro-belts/nickel-coated carbon fibers composites [J]. Ceramics International, 2013, 39: 2317-2322.

[47] Qiang C W, Xu J C, Zhang Z Q, et al. Magnetic properties and microwave absorption properties of carbon fibers coated by Fe_3O_4 nanoparticles [J]. Journal of Alloys and Compounds, 2010, 506: 93-97.

[48] Gholam Reza Gordani, Ali Ghasemi, Ali Saidi. Optimization of carbon nanotubes volume percentage for enhancement of high frequency magnetic properties of $SrFe_8MgCoTi_2O_{19}/$ MWCNTs [J]. Journal of Magnetism and Magnetic Materials, 2014, 363: 49-54.

[49] Li Y, Wang R, Qi F, et al. Preparation, characterization and microwave absorption properties of electroless Ni-Co-P-coated SiC powder [J]. Applied Surface Science, 2008, 254 (15): 4708-4715.

[50] Yang H J, Cao W Q, Zhang D Q, et al. NiO hierarchical nanorings on SiC: Enhancing relaxation to tune microwave absorption at elevated temperature [J]. ACS Applied Materials & Interfaces, 2015, 7 (13): 7073-7077.

[51] 李婷, 唐瑞鹤, 于荣海. Fe-B/Fe_3O_4 纳米复合粒子的吸波性能研究 [J]. 金属功能材料, 2009, 16 (4): 16-19.

[52] 刘姣, 丘泰, 杨建. $MgFe_2O_4$ 铁氧体原位包覆羰基铁超细复合粉体的制备及其抗氧化性能 [J]. 南京工业大学学报 (自然科学版), 2008, 30 (2): 28-31.

[53] 刘姣, 丘泰, 杨建等. $MgFe_2O_4$ 铁氧体改性羰基铁粒子制备及吸波性能 [J]. 有色金属 (冶炼部分), 2009, 1: 21-24.

[54] Tian N, Wang J W, Li F, et al. Enhanced microwave absorption of Fe flakes with magnesium ferrite cladding [J]. Journal of Magnetism and Magnetic Materials, 2012, 324 (24): 4175-4178.

[55] 武晓威, 冯玉杰, 韦韩等. Ni-P 化学镀制备钡铁氧体基红外-微波一体化隐身材料 [J]. 无机材料学报, 2009, 24 (1): 97-102.

[56] Pan X, Qiu J, Gu M. Preparation and microwave absorption properties of nanosized Ni/ $SrFe_{12}O_{19}$ magnetic powder [J]. Journal of Materials Science, 2007, 42 (6):

2086-2089.

[57] Pan X，Shen H，Qiu J，et al. Preparation，complex permittivity and permeability of the electroless Ni-P deposited strontium ferrite powder ［J］. Materials Chemistry and Physics，2007，101（2）：505-508.

[58] Wang G，Chang Y，Wang L，et al. Synthesis，characterization and microwave absorption properties of Fe_3O_4/Co core/shell-type nanoparticles ［J］. Advanced Powder Technology，2012，23（6）：861-865.

[59] Drmota A，Koselj J，Drofenik M，et al. Electromagnetic wave absorption of polymeric nanocomposites based on ferrite with a spinel and hexagonal crystal structure ［J］. Journal of Magnetism and Magnetic Materials，2012，324（6）：1225-1229.

[60] 陈映杉，冯旺军，李翠环等. 核-壳结构 $SrFe_{12}O_{19}$-$NiFe_2O_4$ 复合纳米粉体的吸波性能 ［J］. 复合材料学报，2012，29（1）：111-115.

[61] Zhang L Y，Li Z W. Synthesis and characterization of $SrFe_{12}O_{19}$/$CoFe_2O_4$ nanocomposites with core-shell structure ［J］. Journal of Alloys and Compounds，2009，469（1-2）：422-426.

[62] Hong R Y，Li J H，Cao X，et al. On the Fe_3O_4/$Mn_{1-x}Zn_xFe_2O_4$ core/shell magnetic nanoparticles ［J］. Journal of Alloys and Compounds，2009，480（2）：947-953.

[63] Song Q，Zhang Z J. Controlled synthesis and magnetic properties of bimagnetic spinel ferrite $CoFe_2O_4$ and $MnFe_2O_4$ nanocrystals with core-shell architecture ［J］. Journal of the American Chemical Society，2012，134（24）：10182-10190.

[64] Honarbakhsh-Raouf A，Emamian H R，Yourdkhani A，et al. Synthesis and characterization of $CoFe_2O_4$/$Ni_{0.5}Zn_{0.5}Fe_2O_4$ core/shellmagnetic nanocomposite by the wetchemicalroute ［J］. International Journal of Modern Physics B，2010，24（29）：5807-5814.

[65] 谢炜，程海峰，楚增勇等. 新型吸波碳纤维的研究进展 ［J］. 材料导报，2007，21（9）：40-43.

[66] Qiang C，Xu J，Zhang Z，et al. Magnetic properties and microwave absorption properties of carbon fibers coated by Fe_3O_4 nanoparticles ［J］. Journal of Alloys and Compounds，2010，506（1）：93-97.

[67] Meng X，Wan Y，Li Q，et al. The electrochemical preparation and microwave absorption properties of magnetic carbon fibers coated with Fe_3O_4 films ［J］. Applied Surface Science，2011，257（24）：10808-10814.

[68] Xu J，Yang H，Fu W，et al. Preparation and characterization of carbon fibers coated by Fe_3O_4 nanoparticles ［J］. Materials Science and Engineering：B，2006，132（3）：307-310.

[69] Park K Y，Han J H，Lee S B，et al. Microwave absorbing hybrid composites containing Ni-Fe coated carbon nanofibers prepared by electroless plating ［J］. Composites：Part A，2011，42：573-578.

[70] LiuY，ZhangZ Q，XiaoS T，et al. Preparation and properties of cobalt oxides coated car-

bon fibers as microwave-absorbing materials [J] . Applied Surface Science，2011，257：
7678-7683.

[71]　Wang L，He F，Wan Y. Facile synthesis and electromagnetic wave absorption properties
of magnetic carbon fiber coated with Fe-Co alloy by electroplating [J] . Journal of Alloys
and Compounds，2011，509（14）：4726-4730.

[72]　Fan Y，Yang H，Liu X，et al. Preparation and study on radar absorbing materials of
nickel-coated carbon fiber and flake graphite [J] . Journal of Alloys and Compounds，
2008，461（1）：490-494.

[73]　Xiang J，Li J，Zhang X，et al. Magnetic carbon nanofibers containing uniformly dispers-
ed Fe/Co/Ni nanoparticles as stable and high-performance electromagnetic wave absorbers
[J] . Journal of Materials Chemistry A，2014，2（40）：16905-16914.

[74]　李斌鹏，王成国，王雯. 碳基吸波材料的研究进展 [J] . 材料导报，2012，26（7）：
9-14.

[75]　Wen F，Zhang F，Liu Z. Investigation on microwave absorption properties for multi-
walled carbon nanotubes/Fe/Co/Ni nanopowders as lightweight absorbers [J] . The
Journal of Physical Chemistry C，2011，115（29）：14025-14030.

[76]　姚文惠，黄英，王娜等. 碳纳米管化学镀镍-钴-镧合金的微波吸收性能研究 [J] . 西北
工业大学学报，2013，31（2）：317-322.

[77]　丁鹤雁. 热处理前后包覆 Co 及 Co/Fe 碳纳米管电磁性能的研究 [J] . 航空材料学报，
2013，33（5）：54-60.

[78]　Hou C，Li T，Zhao T，et al. Electromagnetic wave absorbing properties of carbon nano-
tubes doped rare metal/pure carbon nanotubes double-layer polymer composites
[J] . Materials & Design，2012，33：413-418.

[79]　Lu S，Zeng X，Nie P，et al. Electromagnetic and microwave absorbing performance of
ultra-thin Fe attached carbon nanotube hybrid buckypaper [J] . Functional Materials
Letters，2014，7（2）：1450006.

[80]　贺可强，郁黎明，盛雷梅等. 单壁碳纳米管/六角钡铁氧体复合材料的微波吸收性能
[J] . 复合材料学报，2011，28（4）：112-116.

[81]　Cao H，Wei B，Wang Y，et al. Synthese of a carbon nanotubes magnetic composite by
chemical precipitation-hydrothermal process [J] . Journal of the Chinese Cerami Society，
2009，37（10）：1172- 1176.

[82]　孙健明，肇研，李翔等. 多壁碳纳米管表面均匀沉淀包覆四氧化三铁及其磁性能的研
究 [J] . 材料科学与工艺，2014，22（3）：102-107.

[83]　Zhao C，Zhang A，Zheng Y，et al. Electromagnetic and microwave-absorbing properties
of magnetite decorated multiwalled carbon nanotubes prepared with poly（N-vinyl-2-pyr-
rolidone）[J] . Materials Research Bulletin，2012，47（2）：217-221.

[84]　丁冬海，罗发，周万城等. 高温雷达吸波材料研究现状与展望 [J] . 无机材料学报，

2014, 29 (5): 461-469.

[85] 薛茹君, 吴玉程. Ni-Co-P/SiC 纳米复合粉体化学镀机理及其电磁性能 [J]. 硅酸盐学报, 2008, 36 (4): 555-558.

[86] 张跃波, 宗亚平, 曹新建等. 碳化硅颗粒化学镀镍对铁基复合材料性能的影响 [J]. 材料研究学报, 2012, 26 (5): 483-488.

[87] Yuan J, Yang H J, Hou Z L, et al. Ni-decorated SiC powders: Enhanced high-temperature dielectric properties and microwave absorption performance [J]. Powder Technology, 2013, 237: 309-313.

[88] Liu Y, Liu X, Wang X, et al. Electromagnetic and microwave absorption properties of Fe coating on SiC with metal organic chemical vapor reaction [J]. Chinese Physics Letters, 2014, 31 (4): 047702.

[89] 李一, 李金普, 柳学全等. 金属有机化学气相沉积的研究进展 [J]. 材料导报: 纳米与新材料专辑, 2012, 26 (1): 153-156.

[90] Li Z, Li J, Jiang H, et al. Effect of thermocouple position on temperature field in nitride MOCVD reactor [J]. Journal of Crystal Growth, 2013, 368: 29-34.

[91] Melton A G, Davis P, Uddin M, et al. Superatmospheric MOCVD reactor design for high quality InGaN growth [J]. ECS Transactions, 2012, 45 (7): 73-77.

[92] 许永平, 程海峰, 陈朝辉等. 一种新型 CVD 铁涂层吸波纤维 [J]. 国防科技大学学报, 2004, 26 (2): 21-21.

[93] 孙军, 姜田, 冯一军. 玻璃纤维上镀敷纳米铁磁薄膜的工艺研究 [J]. 云南大学学报 (自然科学版), 2005, 27 (3A): 155-158.

[94] 夏宁博. 铁包覆四针状氧化锌晶须的制备与性能 [D]. 国防科学技术大学, 2008.

[95] 郑慧雯, 章娴君. MOCVD 法制备 Fe/Mo 功能梯度材料 [J]. 西南师范大学学报 (自然科学版), 2005, 29 (6): 981-985.

[96] 章娴君, 郑慧雯, 张庆熙等. MOCVD 法制备金属-陶瓷功能梯度材料的研究 [J]. 西南师范大学学报 (自然科学版), 2005, 30 (4): 682-686.

[97] 王显祥, 章娴君. 用 MOCVD 法制备铁系云母珠光颜料 [J]. 精细化工, 2002, 19 (11): 648-650.

[98] Haugan H J, McCombe B D, Mattocks P G. Structural and magnetic properties of thin epitaxial Fe films on (110) GaAs prepared by metalorganic chemical vapor deposition [J]. Journal of Magnetism and Magnetic Materials, 2002, 247 (3): 296-304.

[99] Akiyama K, Ohya S, Konuma S, et al. Composition dependence of constituent phase of Fe-Si thin film prepared by MOCVD [J]. Journal of Crystal Growth, 2002, 237: 1951-1955.

[100] 杜蓉. 金属 Fe/Al 复合粉体的制备及其工艺研究 [D]. 武汉: 华中科技大学, 2012.

[101] 陈志安. Fe/Al 复合粉体的制备及其放热性能研究 [D]. 长沙: 湖南工业大学, 2013.

[102] Xu C, Zhu J. One-step preparation of highly dispersed metal-supported catalysts by flu-

idized-bed MOCVD for carbon nanotube synthesis ［J］.Nanotechnology，2004，15
（11）：1671.

[103]　李一，聂俊辉，李楠等.镍覆膜碳纤维的制备与性能研究 ［J］.功能材料，2012，43
（13）：1688-1695.

[104]　李一，李金普，李发长等.碳纤维表面沉积碳化钨膜研究 ［J］.粉末冶金技术，
2012，30（3）：214-218.

[105]　章娴君，王显祥，罗玲等.羰基金属气相沉积方法进行 Al_2O_3 基片表面合金化研究
［J］.西南师范大学学报（自然科学版），2002，27（4）：14-17.

[106]　Han R，Gong L，Wang T，et al. Complex permeability and microwave absorbing prop-
erties of planar anisotropy carbonyl-iron/$Ni_{0.5}Zn_{0.5}Fe_2O_4$ composite in quasimicrowave
band ［J］.Materials Chemistry and Physics，2012，131（3）：555-560.

[107]　Qing Y，Zhou W，Huang S，et al. Evolution of double magnetic resonance behavior and
electromagnetic properties of flake carbonyl iron and multi-walled carbon nanotubes filled
epoxy-silicone ［J］.Journal of Alloys and Compounds，2014，583：471-475.

[108]　Lu M，Ye F，Zhou Q. Preparation and research on the electromagnetic wave absorbing
coating with Co-Ferrite and carbonyl iron particles ［J］.Journal of Materials Science Re-
search，2013，2（2）：35.

[109]　刘顺华，刘军民，董星龙等.电磁波屏蔽及吸波材料 ［M］.北京：化学工业出版
社，2007.

[110]　胡传炘.隐身涂层技术 ［M］.北京：化学工业出版社，2004.

[111]　Singh V K，Shukla A，Patra M K，et al. Microwave absorbing properties of a thermally
reduced graphene oxide/nitrile butadiene rubber composite ［J］.Carbon，2012，50
（6）：2202-2208.

[112]　Qing Y，Zhou W，Luo F，et al. Epoxy-silicone filled with multi-walled carbon nano-
tubes and carbonyl iron particles as a microwave absorber ［J］.Carbon，2010，48
（14）：4074-4080.

[113]　Zeng M，Zhang X X，Yu R H，et al. Improving high-frequency properties via selectable
diameter of amorphous-ferroalloy particle ［J］.Materials Science and Engineering：B，
2014，185：21-25.

[114]　Wang C，Han X，Xu P，et al. The electromagnetic property of chemically reduced gra-
phene oxide and its application as microwave absorbing material ［J］.Applied Physics
Letters，2011，98（7）：072906.

[115]　Zhang T，Huang D，Yang Y，et al. Fe_3O_4/carbon composite nanofiber absorber with
enhanced microwave absorption performance ［J］.Materials Science and Engineering：
B，2013，178（1）：1-9.

[116]　Dong X L，Zhang X F，Huang H，et al. Enhanced microwave absorption in Ni/polyani-
line nanocomposites by dual dielectric relaxations ［J］.Applied Physics Letters，2008，

92（1）：013127.

[117] Lacrevaz T，Fléchet B，Farcy A，et al. Wide band frequency and in situ characterisation of high permittivity insulators （High-K） for HF integrated passives [J]．Microelectronic Engineering，2006，83（11）：2184-2188.

[118] 马治．磁性微米纳米材料的制备及其高频磁性研究 [D]．兰州：兰州大学，2012.

[119] Xie S，Guo X N，Jin G Q，et al. Carbon coated Co-SiC nanocomposite with high-performance microwave absorption [J]．Physical Chemistry Chemical Physics，2013，15（38）：16104-16110.

[120] Li G，Wang L，Li W，et al. $CoFe_2O_4$ and/or Co_3Fe_7 loaded porous activated carbon balls as a lightweight microwave absorbent [J]．Physical Chemistry Chemical Physics，2014，16（24）：12385-12392.

[121] 彭志华．碳纳米管材料的微波吸收机理研究 [D]．湖南大学．2010.

[122] Vinayasree S，Soloman M A，Sunny V，et al. Flexible microwave absorbers based on barium hexaferrite，carbon black，and nitrile rubber for 2～12 GHz applications [J]．Journal of Applied Physics，2014，116（2）：024902.

[123] Wang G，Peng X，Yu L，et al. Enhanced microwave absorption of ZnO coated with Ni nanoparticles produced by atomic layer deposition [J]．Journal of Materials Chemistry A，2015，DOI：10.1039/c4ta06053a.

[124] Pan G，Zhu J，Ma S，et al. Enhancing the electromagnetic performance of Co through the phase-controlled synthesis of hexagonal and cubic Co nanocrystals grown on graphene [J]．ACS Applied Materials & Interfaces，2013，5（23）：12716-12724.

[125] Bregar V B. Advantages of ferromagnetic nanoparticle composites in microwave absorbers [J]．Magnetics，IEEE Transactions on，2004，40（3）：1679-1684.

[126] Duan M C，Yu L M，Sheng L M，et al. Electromagnetic and microwave absorbing properties of SmCo coated single-wall carbon nanotubes/NiZn-ferrite nanocrystalline composite [J]．Journal of Applied Physics，2014，115（17）：174101.

[127] Micheli D，Vricella A，Pastore R，et al. Synthesis and electromagnetic characterization of frequency selective radar absorbing materials using carbon nanopowders [J]．Carbon，2014，77：756-774.

[128] Simmons A J，Emerson W H. An anechoic chamber making use of a new broadband absorbing material [J]．IRE International Convention Record，1953，1：34-41.

[129] Ng T B，Ewoldt D A，Shepherd D A，et al. Reflectance analysis on the MOCVD growth of AlN on Si（111）by the virtual interface model [J]．Physica Status Solidi （c），2015，DOI：10.1002/pssc.201400159.

[130] Hsiao C J，Liu C K，Huynh S H，et al. Effect of V/Ⅲ ratios on surface morphology in a GaSb thin film grown on GaAs substrate by MOCVD [C]．Semiconductor Electronics（ICSE），2014 IEEE International Conference on IEEE，2014：456-458.

[131]   Lachab M，Asif F，Coleman A，et al. Optically-pumped 285 nm edge stimulated emission from AlGaN-based LED structures grown by MOCVD on sapphire substrates [J].Japanese Journal of Applied Physics，2014，53 (11)：112101.

[132]   Jay F，Gauthier-Brunet V，Pailloux F，et al. Al-coated iron particles：Synthesis，characterization and improvement of oxidation resistance [J].Surface and Coatings Technology，2008，202 (17)：4302-4306.

[133]   Bertrand N，Maury F，Duverneuil P. SnO_2 coated Ni particles prepared by fluidized bed chemical vapor deposition [J].Surface and Coatings Technology，2006，200 (24)：6733-6739.

[134]   Spear K E. Thermochemical modeling of steady-state CVD process [C].Proc of the 5th European Conference on CVD，1985.

[135]   Li Y，Liu J，Wang Y，et al. Preparation of monodispersed Fe-Mo nanoparticles as the catalyst for CVD synthesis of carbon nanotubes [J].Chemistry of Materials，2001，13 (3)：1008-1014.

[136]   Pedersen H，Elliott S D. Studying chemical vapor deposition processes with theoretical chemistry [J].Theoretical Chemistry Accounts，2014，133 (5)：1-10.

[137]   Yanguas-Gil A，Shenai K. Thermodynamics and kinetics of SiC CVD epitaxy [J].ECS Transactions，2014，64 (7)：133-143.

[138]   叶大伦，胡建华. 实用无机物热力学数据手册 [M].第 2 版.北京：冶金工业出版社，2002.

[139]   连增. 晶体生长基础 [M].合肥：中国科学技术大学出版社，1995.

[140]   张长瑞，刘荣军，曹英斌. 沉积温度对 CVD SiC 涂层显微结构的影响 [J].无机材料学报，2007，22 (1)：153-158.

[141]   Kim D J，Choi D J，Kim Y W. Effect of reactant depletion on the microstructure and preferred orientation of polycrystalline SiC films by chemical vapor deposition [J].Thin Solid Films，1995，266 (2)：192-197.

[142]   俞志明. 新编危险物品安全手册 [M].北京：化学工业出版社，2001.

[143]   Weil E D. Kirk-Othmer encyclopedia of chemical technology [J].New York：John Wiley，1993，4：976.

[144]   杨福来. 羰基铁的成键、结构、性质、制备及应用 [J].抚州师专学报，1996，48 (1)：66-73.

[145]   Krishnaiah K，Janaun J，Prabhakar A. Fluidized bed reactor as solid state fermenter [J].Malaysia Journal of Microbiology，2005，1 (1)：7-11.

[146]   Lane P A，Wright P J，Oliver P E，et al. Growth of iron，nickel，and permalloy thin films by MOCVD for use in magnetoresistive sensors [J].Chemical Vapor Deposition，1997，3 (2)：97-101.

[147]   赵文俞. 多尺度铁氧体和纳米壳铁核复合粒子的合成与性能研究 [D].武汉：武汉理

工大学，2004.

[148] 张泽洋. 稀土掺杂铁氧体复合材料制备与吸波性能研究 [D]. 西安：第二炮兵工程大学，2012.

[149] Kim J C，Kim S J，Kim Y D，et al. Formation and some properties of Fe core-shell powders with experimental parameters of the chemical vapor condensation process [J]. Journal of Alloys and Compounds，2009，483 (1)：359-362.

[150] 葛超群，汪刘应，刘顾等. 不同纯化处理方法对多壁碳纳米管电磁性能的影响 [J]. 功能材料，2013，5：713-717.

[151] Gu X，Zhu W，Jia C，et al. Synthesis and microwave absorbing properties of highly ordered mesoporous crystalline $NiFe_2O_4$ [J]. Chemical Communications，2011，47 (18)：5337-5339.

[152] Liu Y，Liu X X，Zhang Z Y. Preparation and microwave absorption property of nickel spinel ferrite [J]. Key Engineering Materials，2013，531：36-39.

[153] Genc F，Turhan E，Kavas H，et al. Magnetic and microwave absorption properties of $Ni_xZn_{0.9-x}Mn_{0.1}Fe_2O_4$ prepared by boron addition [J]. Journal of Superconductivity and Novel Magnetism，2014，28 (3)：1047-1050.

[154] Liu Y，Wei S，Xu B，et al. Effect of heat treatment on microwave absorption properties of Ni-Zn-Mg-La ferrite nanoparticles [J]. Journal of Magnetism and Magnetic Materials，2014，349：57-62.

[155] Das S，Nayak G C，Sahu S K，et al. Microwave absorption properties of double-layer composites using CoZn/NiZn/MnZn-ferrite and titanium dioxide [J]. Journal of Magnetism and Magnetic Materials，2015，377：111-116.

[156] 谢炜，程海峰，唐耿平等. 稀土吸波材料的吸波机理与研究现状 [J]. 材料导报，2005，19 (5)：291-293.

[157] Lin Q，Ye Z，Lei C，et al. Mössbauer spectrum of rare earth Ce^{3+} doping NiCuZn ferrite [J]. Materials Research Innovations，2013，17 (Supplement1)：255-259.

[158] Xiang J，Shen X，Zhu Y. Effects of Ce^{3+} doping on the structure and magnetic properties of Mn-Zn ferrite fibers [J]. Rare Metals，2009，28 (2)：151-155.

[159] Muthuraman K，Naidu V，Ahmed S K A，et al. Study of electrical and magnetic properties of cerium doped nano smart magnesium ferrite material [J]. International Journal of Computer Applications，2013，65 (23)：0975-8887.

[160] Naidu V，Ahamed S K A，Sahib K，et al. Study of electrical and magnetic properties in nano sized Ce-Gd doped magnesium ferrite [J]. International Journal of Computer Applications，2011，27 (5)：40-45.

[161] Zhang Z，Liu X，Wang X，et al. Effect of Nd-Co substitution on magnetic and microwave absorption properties of $SrFe_{12}O_{19}$ hexaferrites [J]. Journal of Alloys and Compounds，2012，525：114-119.

[162] Sharbati A, Verdi Khani J M, Amiri G R, et al. Effect of Nd substitution on magnetic and microwave absorption properties of nanocrystalline Sr (MnSn)$_{0.5}$Fe$_{11}$O$_{19}$ [J]. Current Nanoscience, 2014, 10 (3): 422-426.

[163] Tyagi S, Agarwala R C, Agarwala V. Reaction kinetic, magnetic and microwave absorption studies of SrFe$_{11.2}$Ni$_{0.8}$O$_{19}$ hexaferrite nanoparticles [J]. Journal of Materials Science: Materials in Electronics, 2011, 22 (8): 1085-1094.

[164] Tyagi S, Baskey H B, Agarwala R C, et al. Synthesis and Characterization of Sr-Fe$_{11.2}$Zn$_{0.8}$O$_{19}$ nanoparticles for enhanced microwave absorption [J]. Journal of electronic materials, 2011, 40 (9): 2004-2014.

[165] Nishio H, Minachi Y, Yamamoto H. Effect of factors on coercivity in Sr-La-Co sintered ferrite magnets [J]. Magnetics, IEEE Transactions on, 2009, 45 (12): 5281-5288.

[166] Yamamoto H, Seki H. Magnetic properties of Sr-La system M-type ferrite fine particles prepared by controlling the chemical coprecipitation method [J]. Magnetics, IEEE Transactions on, 1999, 35 (5): 3277-3279.

[167] Bueno A R, Gregori M L, Nóbrega M C S. Microwave-absorbing properties of Ni$_{0.50-x}$Zn$_{0.50-x}$Me$_{2x}$Fe$_2$O$_4$ (Me=Cu, Mn, Mg) Ferrite-wax composite in X-band frequencies [J]. Journal of Magnetism and Magnetic Materials, 2008, 320 (6): 864-870.

[168] Karim A, Shirsath S E, Shukla S J. Gamma Irradiation Induced Damage Creation on the Cation Distribution, Structural and Magnetic Properties in Ni-Zn Ferrite [J]. Nuclear Instruments and Methods in Physics Research B, 2010, 268: 2706-2711.

[169] 黄永杰, 李世堃, 兰中文. 磁性材料 [M]. 电子工业出版社, 1994.

[170] Iwauchi K. Dielectric properties of fine particles of Fe$_3$O$_4$ and some ferrites [J]. Japanese Journal of Applied Physics, 1971, 10 (11): 1520-1528.

[171] Lechevallier L, Le Breton J M, Wang J F. Structural and Mossbauer analyses of ultrafine Sr$_{1-x}$La$_x$Fe$_{12-x}$Zn$_x$O$_{19}$ and Sr$_{1-x}$La$_x$Fe$_{12-x}$Co$_x$O$_{19}$ hexagonal ferrites synthesized by chemical co-precipitation [J]. Journal of Physics Condensed Matter, 2004, 16: 5359-5376

[172] 刘颖. 掺杂 M 型钡铁氧体的制备及磁学性能研究 [D]. 哈尔滨: 哈尔滨工程大学, 2007.

[173] Choi D H, Lee S W, Shim I B, et al. Mössbauer studies for La-Co substituted strontium ferrite [J]. Journal of Magnetism and Magnetic Materials, 2006, 304 (1): 243-245.

[174] 韩志全, 铁氧体及其磁性物理 [M]. 北京: 航空工业出版社, 2010.

[175] Wen S L, Liu Y, Zhao X C, et al. Synthesis, dual-nonlinear magnetic resonance and microwave absorption properties of nanosheet hierarchical cobalt particles [J]. Physical Chemistry Chemical Physics, 2014, 16 (34): 18333-18340.

[176] Zou G, Cao M, Lin H, et al. Nickel layer deposition on SiC nanoparticles by simple

electroless plating and its dielectric behaviors [J]. Powder Technology, 2006, 168 (2): 84-88.

[177] Ignatenko M, Tanaka M. Effective permittivity and permeability of coated metal powders at microwave frequency [J]. Physica B: Condensed Matter, 2010, 405 (1): 352-358.

[178] Zhou W, Zhou J, Zhou Y, et al. N-doped carbon wrapped cobalt nanoparticles on N-doped graphene nanosheets for high-efficiency hydrogen production [J]. Chemistry of Materials, 2015, 27 (6): 2026-2032.

[179] Wang R, Wan Y Z, He F, Qi Y, You W, Luo H L. The synthesis of a new kind of magnetic coating on carbon fibers by electrodeposition [J]. Applied Surface Science, 2012, 258 (7): 3007-3011.

[180] Bhattacharya P, Hatui G, Mandal A, et al. Investigation of microwave absorption property of the core-shell structured $Li_{0.4}Mg_{0.6}Fe_2O_4/TiO_2$ nanocomposite in X-band region [J]. Journal of Alloys and Compounds, 2014, 590: 331-340.

[181] Liu X, Wu N, Cui C, et al. One pot synthesis of Fe_3O_4/MnO_2 core-shell structured nanocomposites and their application as microwave absorbers [J]. RSC Advances, 2015, 5 (31): 24016-24022.

[182] Yan S J, Xu C Y, Jiang J T, et al. Strong dual-frequency electromagnetic absorption in Ku-band of $C@FeNi_3$ core/shell structured microchains with negative permeability [J]. Journal of Magnetism and Magnetic Materials, 2014, 349: 159-164.

[183] Zhao B, Shao G, Fan B, et al. Preparation and enhanced microwave absorption properties of Ni microspheres coated with $Sn_6O_4(OH)_4$ nanoshells [J]. Powder Technology, 2015, 270: 20-26.

[184] 张洪彬, 闫杰, 王忠. 国内外隐身涂层环境适应性研究发展现状 [J]. 环境技术, 2011, 5: 33-37.

[185] Jacques L F E. Accelerated and outdoor/natural exposure testing of coatings [J]. Progress in Polymer Science, 2000, 25 (9): 1337-1362.

[186] 王海峰. 环氧吸波材料的环境效应研究 [D]. 燕山大学, 2009.

[187] 田月娥, 朱蕾, 肖勇等. 毫米波隐身涂层环境适应性考核与评价 [J]. 装备环境工程, 2004 (5): 39-43.

[188] 田月娥, 袁艺, 邹莹. 海洋环境对厘米波隐身涂层的影响规律 [J]. 装备环境工程, 2006, 3 (3): 86-88.

[189] 齐宇, 何山, 史有强. 防腐蚀型宽频带雷达吸波涂料研究 [J]. 航空材料学报, 2014, 34 (5): 75-80.

[190] 王新坤, 封彤波, 吴灿伟等. 雷达吸波涂层失效模式及原位修复 [J]. 表面技术, 2011, 40 (4): 72-75.

[191] 刘世念, 王成, 范圣平等. 环氧树脂基导电复合涂层的制备及防腐蚀性能 [J]. 材料研究学报, 2014, 28 (11): 835-841.